告别育儿焦虑

让妈妈和孩子都轻松的情绪管理法

〔日〕小尻美奈　著
姚博文　译

著作权合同登记号 图字：01－2023－1339

图书在版编目（CIP）数据

告别育儿焦虑 ：让妈妈和孩子都轻松的情绪管理法 /（日）小尻美奈著 ；姚博文译．－－ 北京 ：中国妇女出版社，2023.5
ISBN 978－7－5127－2246－0

Ⅰ．①告… Ⅱ．①小… ②姚… Ⅲ．①情绪－自我控制－儿童教育－家庭教育 Ⅳ．①B842.6②G782

中国国家版本馆CIP数据核字(2023)第001644号

选题策划：苟　敏
责任编辑：闫丽春
特约编辑：张铭哲
责任印制：李志国

出版发行：中国妇女出版社
地　　址：北京市东城区史家胡同甲24号　　邮政编码：100010
电　　话：（010）65133160（发行部）　　65133161（邮购）
邮　　箱：zgfncbs@womenbooks.cn
法律顾问：北京市道可特律师事务所
经　　销：各地新华书店
印　　刷：天津明都商贸有限公司

开　　本：145mm × 210mm　1/32
印　　张：8.25
字　　数：120千字
版　　次：2023年5月第1版　　2023年5月第1次印刷
定　　价：58.00元

如有印装错误，请与发行部联系

目 录

第 3 章 巧妙地“发脾气”，只需掌握 5 个步骤

chapter 3

第 4 章 现在马上就能做到！——“缓和焦虑”的魔术

chapter 4

第 5 章
每天努力练习，用“开阔心胸的魔术”做一个不易焦虑的妈妈

chapter 5

前言

请试着想象一下，工作中，听到下属突然哭着说："让我吃饭！""我浑身是汗，很不舒服，让我换衣服！"你会怎么想？你对无法沟通、多次提醒也无动于衷的同事能宽容到什么程度呢？

午夜时分，公司下属给你打来电话，想让你听他说几句，让你睡不成觉，他甚至还说："你是总负责人，出了什么问题，责任都在你。"你若遇到这种情况，会怎么想？如果这样的生活持续下去，怕是会身心俱疲。你应该会因为"无法忍受这种黑心企业"而想要辞职吧。

工作不开心了你可以辞掉，但养育孩子不成。我们之所以能一边忍受着焦虑一边养育孩子，是因为对我们来说，孩子是重要的存在，我们知道孩子的可爱之处；是因为在孩子的成长中，我们感受到了喜悦，也知道养育孩子的乐趣；更是因为我们爱着孩子。

如果妈妈不懂得巧妙地发脾气，就无法将爱传达给孩子，亲子间会因此而烦恼，或者导致亲子关系恶化，这是很可悲的事情。我自己在育儿过程中运用了"愤怒情绪管理法"（Anger

Management），通过这种方法，我的心情变得轻松了，并且变得能够以建设性的方法缓解焦虑。我现在作为一名愤怒情绪管理顾问，通过讲座和演讲的形式，传播理念，帮助妈妈们与焦虑情绪融洽相处。

本书将引入愤怒情绪管理的技巧和方法，介绍妈妈和孩子与焦虑融洽相处的秘诀。

接受并解读自己内心涌现的焦虑信号，对“没必要生气的事”置之不理，只对“有必要生气的事”巧妙生气。本书以易于妈妈们在日常生活中实践的形式，讲解了该如何掌握这种情绪控制的方法。

特别是对于愤怒情绪管理的35个技巧（魔术），本书以亲子能够共同实施的形式进行介绍，所以不管是想缓解妈妈还是孩子的焦虑都可以灵活运用。

当然，妈妈和孩子不一定从一开始就能顺利运用这些技巧。愤怒情绪管理需要亲子通过反复练习，逐渐形成习惯，慢慢地，即使不刻意为之也能做到。就像孩子练习拿筷子一样，有的孩子经过每日练习后，很快就能掌握，有的孩子则需要几年的时间才能熟练掌握。但是，只要抱着“想变得熟练”的心态，大家都能进步。

在每一章的末尾，本书的插画师骨番以漫画的形式介绍了她和女儿小诗一起努力实践愤怒情绪管理的过程。在阅读下一章之前，大家可以通过欣赏有趣的插画小故事放松一下。

妈妈们在养育孩子的过程中，会遇到很多失败、不顺利、烦恼及痛苦的事情。但是，有些事情乍一看是消极的，事后回想起来，你会发现正因为发生了那件事，你才有了新的发现，学到了一些道理，从而成为成长中的精华。

拿起这本书的你，是不是有“想要作为一个好妈妈，作为一个人去成长”的想法呢？你若这么想，那一定会得偿所愿的。如果妈妈们能与焦虑融洽相处，那么愤怒就不是一件棘手的事情，而能成为让自身成长的力量。有句话叫“育儿即育己”，因此，请妈妈们在育儿的过程中学习愤怒情绪管理法，一边体味各种各样的情绪，一边去享受“自我教育”的快乐吧。

若本书能让妈妈和孩子的每一天都变得更加欢乐多彩，并能为亲子共同成长略尽绵薄之力，将是我的至高荣幸。

小尻美奈

第1章
妈妈焦虑是理所当然的

“焦虑是坏事”“应该消除焦虑情绪”——很多人都这样认为。但焦虑是重要的情绪之一。

我认为在采取具体的应对方法之前，我们首先要问“为什么会焦虑”以及“焦虑是什么”。

妈妈和孩子之间是容易产生焦虑的关系

说“不要焦虑”是很难的

“别太过分了！”“说几遍你才明白？”——你是否有过对孩子忍不住大发雷霆的经历？在一项调查中，有七成的父母为孩子的教育问题感到焦虑。他们回答说，在即使提醒了孩子也改不了的时候，会大发雷霆（如下图）。

■ 对孩子抱有怎样的烦恼

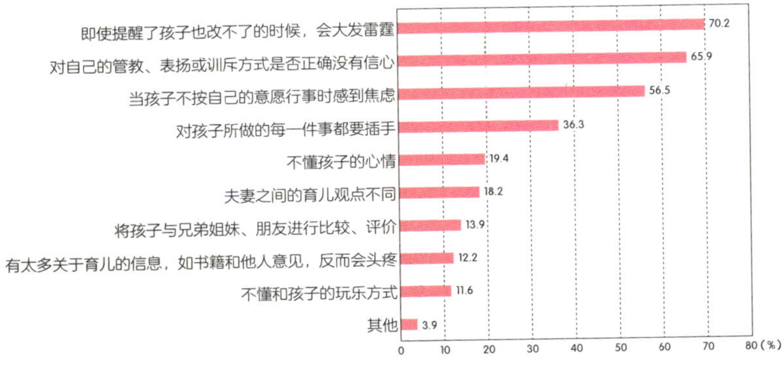

“在孩子出生之前，从未想过自己会有如此焦虑的感觉”“在职场几乎从不焦虑，却对自己的孩子每天都感到焦虑”等，妈妈们关于育儿的烦恼层出不穷。但是请放心，妈妈们对孩子感到焦虑，在某种意义上是“理所当然”的事。

为什么呢？这是由焦虑的性质所决定的，人们往往对越亲近的人有越强的焦虑感，并且往往是力量强的一方相比力量弱的一方更容易感到焦虑。对母亲来说，孩子是最亲近的人，并且母亲对孩子有着压倒性的力量差距，因此母子关系本就是容易产生焦虑的。

每个人都是“母亲”所生。在十月怀胎这漫长的时间里，胎儿通过脐带接受营养，听着母亲的声音长大。在这段时间里，母子间是一心同体的状态。

随着孩子的成长，母子关系的疏远会逐渐加剧，但是在孩子小的时候（特别是出生后的头几年），母子关系可以说是所有人际关系中最为密切的。原本拥有“个人时间”的女性，生了孩子后，变成了“和孩子捆绑在一起的生活”。这是一个戏剧性的变化。

育儿任务大部分由母亲承担，身边没有人可以依靠，同时还要兼顾工作，成为“母亲”的女性可谓压力满满。妈妈们一边感受着家人和社会对育儿的期待和压力，一边孤军奋战。这种情况下对她们说“不要焦虑”是很难的吧。

焦虑是为了保护孩子

有人说女性是比男性更感性的生物。“歇斯底里”（Hysteria）这个词，在希腊语中是“子宫”的意思，“怒”这个字中包含了“女”字。由此看来，女性和焦虑情绪自古以来就经常被联系在一起。

后面会讲到，为了保护自己心爱的孩子，我们都会有焦虑的心理。感情用事与性别无关，如果说女性比男性更容易和焦虑情绪联系在一起，那可能是因为女性为了保护腹中的孩子而产生了这一必要情感。

总结

- 正因为母子关系亲密才会产生焦虑。
- 周围的环境让妈妈产生焦虑情绪。
- 焦虑情绪是为了保护孩子而产生的。

妈妈不用焦虑于“表扬式育儿”

“表扬”不是目的

现如今提倡“表扬式育儿”。我在幼儿园工作以及养育自己孩子的时候，也读过关于“表扬式教育”和“表扬式育儿”的书。那时我相信“表扬比批评更好”，并付诸实践。

在幼儿园，到了打扫时间，我只要一说：“小A，你很会收拾东西啊！”“小B真厉害，能收拾这么多！”不仅是被表扬的孩子本人，周围的孩子们也都打开了“劳动开关”，不一会儿教室就收拾好了。但要是哪天我不表扬他们的话，谁也不会收拾。

因此我反省了和孩子们的相处方式。我发现，本来的目的应该是“打扫”，而不是得到老师的表扬。从那以后，我会对不收拾卫生、继续玩耍的孩子们说：“现在是干什么的时间？把自己玩过的积木收拾到篮子里。”孩子们露出惊讶的表情，开始收拾起来。

我们的目标是，即使得不到任何人的表扬，孩子也能主动地收拾卫生，并使之成为习惯。为了引导孩子达到这个目标，大人需要在必要时给予表扬或批评。当然，在育儿的过程中表扬是很重要的，但是一味重视表扬是没有必要的。

表扬和批评都很重要

调查结果显示，经常被父母、老师、邻居表扬的人，生存能力会很强，其中，同时有过较多被严厉批评经历的人，生存能力往往更高。也就是说，那些既有过被表扬的经历，也有过被批评经历的人，有着很强的“不气馁能力”和“自我肯定感”，所以妈妈们绝对没有必要只推崇“表扬”，明白“批评”的意义也很重要。

■ 被父母表扬或严厉批评的经历与自我肯定感的关系

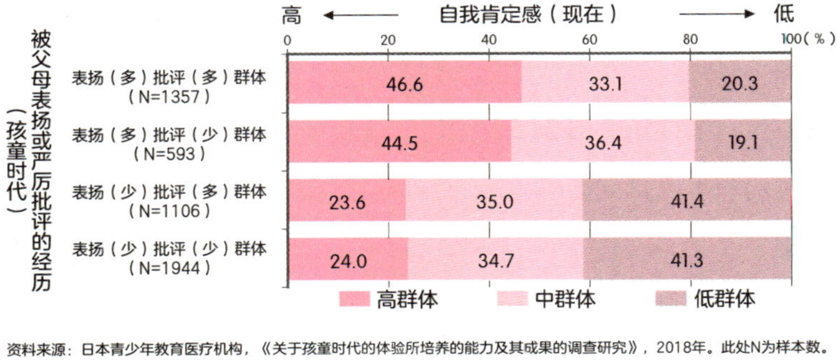

资料来源：日本青少年教育医疗机构，《关于孩童时代的体验所培养的能力及其成果的调查研究》，2018年。此处N为样本数。

很多妈妈在育儿过程中重视表扬和批评，或许是因为自身感受到了来自家人和社会的无形压力。

“这样的事情他都能做到吗？妈妈教得真好啊。”“因为你这样生气，孩子才做不到吧？”……且不论好坏，正因为孩子的成长与母亲的育儿方式有着很大关系，妈妈们才会经常感受到来自家人、亲戚、朋友、社会等各方面的期待与评价。这不禁让我意识到，一边在意着他人的眼光一边育儿的妈妈可能不在少数。

本书介绍的愤怒情绪管理法，可以帮你直面自己的焦虑，让你在育儿过程中变得更自洽。

总结

- **被表扬的经历和被批评的经历都能培养孩子的自我肯定感。**
- **妈妈在养育孩子的过程中，感受着来自亲人和社会的压力。**
- **通过愤怒情绪管理，能够实现以自己为核心的育儿目标。**

不要自责！
妈妈可以发怒

斥责是亲子间重要的沟通方式

在每天的育儿过程中，妈妈难免会产生生气的情绪。但生气后看着熟睡的孩子，妈妈又会很失落：“我不生那么大的气就好了。”“我竟然对我这么可爱的孩子生气了。”这种被自责念头折磨的经历，谁都会有吧？

自责和后悔，是因为有着对孩子的爱。正因为妈妈爱自己的孩子，才会痛感自己不成熟，后悔没能很好地管理自己的情绪，从而产生罪恶感。妈妈之所以有这样的情绪，是因为有想要传达给孩子的信息。而这种情绪，只要能巧妙地表达出来就可以了。

从全世界52名候选人中脱颖而出，被称为保护孩子最高利益领袖的贺川丰彦先生说过：“无论好事还是坏事都随便做，一点也不会挨骂，也不会被纠正的孩子，绝对不是被重视的孩子，反而是被虐待的孩子。”（贺川丰彦纪念松泽资料馆，《儿童权利论入门》）也就是说，父母斥责孩子是因为重视，不斥责反而是不重视。

斥责和虐待是不同的。一方面，所谓斥责，是父母希望孩子健康成长，教给孩子判断善恶、掌握社会规则、提升教养等的机会，是认真对待孩子的一种家庭教育。如果父母不斥责孩子，孩子就会失去学习的机会。另一方面，一些媒体所报道的严重的亲子矛盾大多是父母为了控制孩子而产生的焦虑情绪的爆发。

特蕾莎修女留下过这样一句话：“爱的反面不是恨，而是漠不关心。”如果父母对孩子漠不关心，那么无论孩子做什么，父母都不会焦虑，也不会责骂。所以斥责是亲子间重要的沟通方式。

学会不让自己后悔的发怒方式

日本情绪管理协会将“愤怒情绪管理”解释为“不因愤怒而后悔”。巧妙地表达愤怒，消除“后悔愤怒”和“后悔没愤怒”的情绪就是愤怒情绪管理。

父母越是没能很好地表达愤怒，就越会自惭形秽，后悔不已，还会怀疑自己是不是没用的父母，育儿将会变得越来越痛苦。

不要再让负罪感束缚自己了！妈妈们可以生气发怒，只要学会不让自己后悔的发怒方式就可以了。

总结

- 发火后的懊悔，正是因为爱孩子。
- 斥责孩子，是妈妈和孩子之间重要的沟通方式。
- 不要有罪恶感，学会不后悔的愤怒方式就好。

焦虑是可控的！

虽然致力于“快乐育儿”，但是……

从事幼儿教育的我，一直觉得自己理解育儿过程中父母情绪控制的重要性。所以，我完全没想到自己育儿时也会焦虑。

刚开始时，为了让包括我在内的妈妈们重新振作精神，我成立了舞蹈社团，在育儿支援中心策划了亲子互动的活动，致力于营造一个能够快乐育儿的场所。虽然我觉得这样做也很开心，但当时的我仍认为愤怒是件坏事，否定了自己的焦虑情绪。

“我希望自己没有焦虑”“我对愤怒视而不见”“因为我的理想是变成永远保持笑容的妈妈”——当我第一次知道“愤怒情绪管理”的时候，我受到了很大的冲击。我心想：啊？愤怒不是件坏事吗？焦虑也是可以控制的吗？真是令人耳目一新。我强烈地感受到，不只是我自己，其他努力养育孩子的妈妈也同样需要愤怒情绪管理！

什么是愤怒情绪管理

愤怒情绪管理源于20世纪70年代的美国，是一种为了与愤怒情绪融洽相处的心理训练。当时，咨询师和理疗师等职业刚被大众知晓，随着对犯轻罪者的矫正教育程序，这些职业作为一种对少数人的咨询发展了起来。

2001年，美国发生了“9·11”恐怖袭击事件，社会的不满情绪蔓延开来，人们对愤怒情绪管理的认知也随之加深。因为不安感是容易与愤怒直接相关的情绪之一（妈妈们容易感到焦虑，很多时候背后也隐藏着不安感）。

现在的美国，愤怒情绪管理已经被引入司法领域，对于家庭

暴力、汽车危险驾驶等犯罪者，在接受保护观察和罚款的同时，还会被要求接受愤怒情绪管理课程。

在日本也有企业研修、教职员研修、面向育儿家长的演讲等活动，至今已累计有超过100万人参加过愤怒情绪管理课程（截至2019年3月）。

愤怒情绪管理是一套系统的训练方法，不受年龄、性别、职业等因素的限制，任何人都可以随时开始进行。即使不能完全消除愤怒情绪，也能很好地应对。

总结

- 不必试图消除焦虑。
- 妈妈的不安感容易导致愤怒。
- 焦虑是可以控制的。

焦虑有必要忍耐吗？不，视情况而定

总是依心情决定生气或不生气的话，孩子会陷入混乱

为了不因焦虑情绪做出让自己后悔的事，妈妈们需要做的不是忍耐。如果忍得太久，焦虑情绪就会在某一天突然爆发。这样一来，妈妈就会向孩子发泄莫名的情绪，孩子会感到惊讶、恐惧，甚至陷入恐慌。妈妈也没有把真正想让孩子明白的事情传达给孩子，结果自己非常后悔。

再次强调，愤怒情绪管理就是要做到“不因愤怒情绪而后悔”。为了不后悔，不是要忍住不生气，而是要区分好对自己来说“有必要生气的事情”和“没有必要生气的事情”。

如果不能分清“是否需要生气”，就会变成根据当时的“心情”“状况”“状态”而生气或不生气。

例如，对于房间里到处是玩具，没有收拾的情况，妈妈忙得没有时间收拾又感到很疲惫，这时本来是很有必要生气的。但要是因为有客人在家或者是时间充裕、精力充沛的时候而没有生气，自己就算被焦虑牵着鼻子走了。

如果妈妈总是根据自己的心情生气或不生气，孩子就会陷入混乱，父母也很难向孩子传达“希望他遵守的事情”。因为对孩子来说，很难明白到底什么是不能做（做了会被骂）的事情。

只有巧妙地对“有必要生气的事”生气，才不会后悔

在育儿的过程中，自己从未遇到过的“焦虑场景”总会到

来。“这有必要生气吗？”——每次都这么想一想，是在有意识地思考对自己来说什么是不能原谅的（有必要生气），什么是可以原谅的（没必要生气），也是在直面自己的感情、思考和价值观。

有必要生气的事情，可能是妈妈为了让孩子自立而希望他们掌握的技能，也可能是为了孩子能够保护自己而需要他们注意的事情。不管怎样，表现出焦虑的情绪，是妈妈将所重视的价值观传递给孩子的一种家庭教育。

妈妈们如果能区分对自己来说有必要生气的事和没有必要生气的事，就能只在有必要生气的事情上巧妙地表达自己的愤怒。在这种情况下，即使生气了也不会感到后悔。如果不对没必要生气的事情生气，就不会无谓地自责了吧。

总结

- **忍耐焦虑会制造更焦虑的状况。**
- **决定好哪些事情需要生气，哪些事情不需要生气。**
- **巧妙地表达愤怒，不要因为焦虑而后悔。**

不管怎么说，孩子都喜欢着妈妈

对孩子来说，妈妈是特别的

4月份的托儿所和幼儿园里是一片熙熙攘攘的盛大景象。对于刚入园的孩子来说，这是离开一直陪伴在身边的父母，第一次经历集体生活。（注：日本4月份为开学日。）陌生的环境，与父母分离的不安、悲伤，让孩子们的哭声响彻了整个园区。

孩子们总是会一边抽抽搭搭地哭着，一边喊着叫着“妈妈，妈妈”。对孩子来说，妈妈就是他们的全部，是最喜欢、最重要的存在。

在孩子们的游戏中，经常会出现“妈妈”的角色。游戏中包括“训斥”的行为在内，孩子们会相当真实地再现妈妈的语言、表情、语气、行为等。看到他们这副样子，就能明白孩子在家里是如何看待妈妈的，也能感受到孩子对妈妈的印象。

在孩子的绘画作品中，妈妈也经常登场。大多数情况下，妈妈都是笑着的。我想孩子们都很喜欢笑着的妈妈，希望妈妈一直笑着。

“总是生气，讨厌。”——也有对妈妈感到不满的孩子。尽管如此，当孩子在院子里发现花和蚱蜢、捏出了闪闪发亮的泥团子、做出了单杠倒立动作的时候，他们仍会开心地说：“我要去给妈妈看！”

当发生了有趣的事情时，或者能做之前做不了的事情时，孩子最想要告诉的人肯定是妈妈。妈妈对于孩子来说，是一个想要分享“高兴”“喜悦”等各种感受、共同度过快乐时光的存在。不管怎么说，孩子肯定是喜欢妈妈的。

就像妈妈对孩子抱有“喜爱”与“焦虑”两方面的感情一样，孩子也对妈妈有着“喜欢”和“讨厌”的矛盾（相反）情感。

令人悲伤的是，2020年9月《关于儿童因虐待而死亡案例的检验结果（第16次报告）》显示，除殉情以外，在“虐待死案例”的加害者中，亲生母亲占46.3%，所占比例是最高的。这是因为大多数情况下养育孩子的主要是妈妈，妈妈和孩子的关系最为密切。

孩子即使再喜欢妈妈，也不会喜欢妈妈的暴力、漫骂等行为。想要得到妈妈的爱、即使被妈妈训斥也喜欢妈妈，为了这样的孩子，妈妈们要成为一个会巧妙生气的人。如果妈妈能为孩子着想，谨慎地批评，就会把正确的信息传递给孩子。

总结

- **即使被妈妈训斥，孩子还是很喜欢妈妈。**
- **孩子最喜欢妈妈的笑容。**
- **父母和孩子有时会兼有两种矛盾的心情。**

焦虑是坏事吗？
不，是一种重要的心情

焦虑是无法消除的自然情绪

妈妈感到焦虑是理所当然的，对孩子发火也是可以的。话虽如此，我还是听到很多妈妈说："我想做一个不会生气的温柔妈妈。""我想让别人觉得我是个好妈妈。"这还是因为"焦虑"给人的负面印象太强烈了吧。

生气是不体面的，是羞耻的，是会伤害别人的。有这种想法的人不在少数，但焦虑是人类无法消除的极其自然的情绪。

例如，如果某人对你说："绝对不能高兴！"你会怎样呢？你一定会度过痛苦的一天吧。同样，别人对你说："绝对不能生气！"就好像是自己的情感被否定，从而失去了表达的自由。

每个人都有感受喜悦、悲伤、焦虑等情绪的自由，我们不能否定自己的情绪。焦虑也是重要的情绪之一。因此，请妈妈们不要觉得"因为别人的事情而焦虑"的自己很奇怪。重要的是如何应对感受到的焦虑。

因为焦虑是肉眼不可见的，所以表情、态度、语言、行动等表现方式决定了你能否巧妙地表达愤怒。情感没有好坏之分，但表达方式有好有坏。而且，表达方式是可以自己选择的。

斥责也是亲子间重要的沟通方式之一，因此，了解并学会了正确的表达方式，妈妈们就能成为不被焦虑所左右的人，也能建立良好的亲子关系。

孩子们也认为焦虑是“不好的情绪”

焦虑是各种情绪中最有力的一种。妈妈们如果处理不当，就会失去人际关系、信用、信赖，这是一种可能伤害、破坏“某个人”或“某件事”的能量。焦虑如果表达不当，会对自己和孩子的人生造成巨大影响。

我在教孩子们愤怒情绪管理的时候，给他们展示了一张画有各种情绪表情的表格，并问他们：“在这张表格中，你们觉得有什么不好的情绪吗？”结果，有一半的孩子回答说：“焦虑是一种糟糕的情绪，是不好的情绪。”就像曾经的我一样，很多时候也会觉得“焦虑＝不良情绪”。

如果大人否定了“焦虑”情绪和“生气”行为，孩子就会把自己的焦虑情绪封印起来，还会认为焦虑是不能表达出来的。即使遇到讨厌的事和不能被原谅的事也会忍着。这种被压抑的焦虑情绪，到了孩子的青春期和青年期，可能会以各种各样的不良行为表现出来。所以，让我们帮助孩子恰当地表达焦虑吧。

总结

- 焦虑是自然的情绪，感到焦虑也很重要。
- 焦虑不是坏事，只是表现方式有好有坏。
- 允许自己“生气”，也引导孩子“可以生气”。

骨番的

愤怒情绪管理

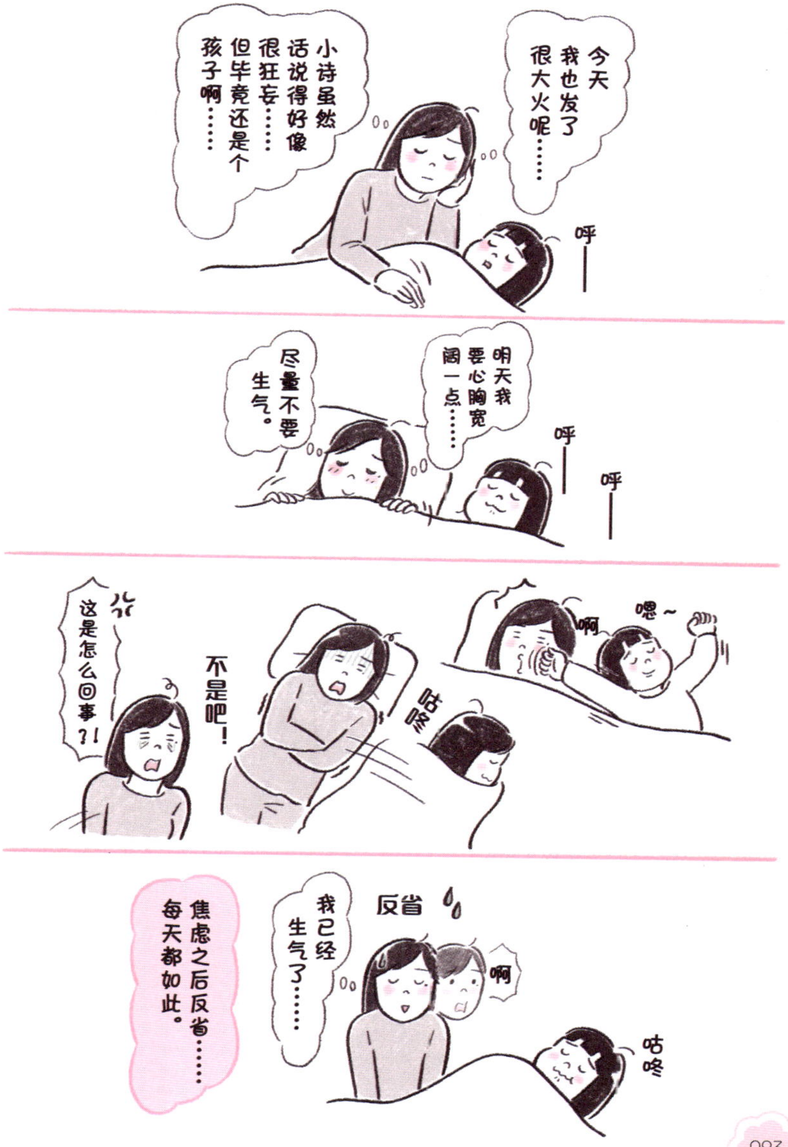

今天我也发了很大火呢……
小诗虽然话说得好像很狂妄……但毕竟还是个孩子啊……
呼—
明天我要心胸宽阔一点……
尽量不要生气。
呼—
呼—
嗯~
啊
咕咚
不是吧!
这是怎么回事?!
反省
啊
我已经生气了……
焦虑之后反省……每天都如此。
咕咚

第2章
“焦虑”告诉我们的8个信号

我们每天感受到的焦虑，隐藏着各种各样的信号。

我们或许会将焦虑视为恶，去忍耐去承受，或为了忘记而将其封印起来。但如果能将其作为信号及时捕捉到，焦虑就能变成我们理解自我的重要情感。

焦虑的信号1：
告诉我们“危险”

能避免麻烦的重要信号

焦虑的一个重要作用，就是提醒我们危险的来临。当孩子在吃饭的时候玩筷子，或者边刷牙边跑动的时候，妈妈会感到焦虑，这是因为妈妈认为孩子摔倒的时候，筷子和牙刷可能有“刺到喉咙”的危险；对不戴安全帽骑自行车的孩子喊“喂”，是因为察觉到有发生事故的可能性。

当眼前的危机和威胁迫近，感受到“危险”或者“说不定会受伤、会受害”的时候，人就会产生焦虑的情绪。然而，也恰恰因为这种焦虑感，可以让我们避免受伤和事故的发生。也就是说，焦虑的存在是必需的。

平时无法发挥的能力，在危急的情况下发挥出来，被戏称为“狗急跳墙”。我们之所以能超常发挥能力，是因为能够察觉危险。人一旦身处危险的环境中，就会产生恐惧的反应，引发交感神经系统的神经波动，使心率和血压上升，肌肉进入能更快更强运动的紧张状态。这是为了能瞬间活动身体，做好应对危机的准备。

妈妈感受到焦虑是察觉到危险、警戒水平提高的证据，可以说，正是因为有了焦虑的信号，才能保护自己和孩子。

分清“真正的危险”和“可以守护的小危险”

有位妈妈说：“光是让孩子在公园里玩，就会感到焦虑和压力。”让孩子在公园里玩，妈妈会担心“不会从游乐设施上掉下来吧？”“有没有可疑人物？”“会不会中暑呢？”等，这是因为妈妈对于危险有了感知反应。

虽然不同的人感受到的危险不同，但事先了解自己对什么

容易有危机感也是一种方法。妈妈们如果了解“自己会感到焦虑（危险）”的状况，就能冷静地判断“这是我觉得危险的事情”，也就能提前营造一个让自己感到安心的环境。

父母不可能消除所有的危险，即使能做到，在完全没有危险的环境中长大的孩子，也失去了体会什么是危险、什么是安全的机会。孩子在体验小危险的过程中，会提高对危险的敏感度，从而学会保护自己。妈妈如果因为焦虑而注意到了危险信号，就把真正危险的事情清楚地告诉孩子，让他回避；如果是可以承担的小危险，就守护着孩子，让孩子自己去体验吧。

如果没有注意到信号呢？

- 可能无法避免孩子的意外或受伤等麻烦。
- 可能无法创造让孩子安心、安全的环境。
- 可能无法告诉孩子到底“什么有危险”。

焦虑的信号2：
提醒我们“想要守护的东西”

每个人都有自己“想要守护的东西”

焦虑被称为防卫情绪，当自己想要守护的东西暴露在危险中或受到威胁时，焦虑就会产生。因此，焦虑是一种信号，它会告诉我们自己想要守护的东西。

你想要守护的东西是什么？自己的尊严、价值观、想法、自尊心、立场、空间、环境、时间、个性、纪念品、家庭……不胜枚举。孩子不也是妈妈最想守护的吗？当孩子被排斥、被讨厌的时候，妈妈会感到强烈的焦虑，这是因为孩子是妈妈想要守护的。

不管我们是否自知，都有各自“想要守护的东西”。即使是生活在同一屋檐下的家人，每个人想要守护的东西也不一样。

例如，妈妈对凌乱的房间感到焦虑，是因为想要保持舒适整洁的环境；对回家后不洗手的家人感到焦虑，是因为想要守护家人的健康。

爸爸对休息日打来的工作电话感到焦虑，是因为想要守护和家人在一起的私人时间；因为休息日的消遣方式被妈妈唠叨而感到焦虑，则可能是因为想要守护自己的价值观。

孩子因被妈妈扔掉纸飞机而感到焦虑，或许是想守护自己的高超技术、创意成果和自尊心。

每个人想要守护的东西存在于共同的生活中，有时因为不相容，就会形成令人焦虑的环境。

以焦虑为契机，传达“想要守护的东西”

一位努力兼顾工作和家庭的妈妈曾对我说过这样的话：

“我因为性格优柔寡断，即使心里很不满，还是不管什么工作都会接受。不知不觉，自己身心俱疲，还对孩子发脾气。没有守护好自己的身体、心灵和家人，反而伤害了他们……”

这位妈妈注意到了这些信号，并通过巧妙地表达自己的焦虑，成功地守护了自己。

明明感觉“讨厌”却还压抑焦虑，这是伤害自己的行为。我们应该通过焦虑传达给我们的信号意识到自己想要守护的东西。另外，为了自己想要守护的东西，学会巧妙地表达焦虑吧！

如果没有注意到信号呢？

- 可能意识不到自己想要守护的东西。
- 可能会伤害到自己或自己真正想要守护的东西。
- 可能意识不到对自己来说“有必要生气的事情”。

焦虑的信号3：
告诉我们“重要的东西”

焦虑的强度与重视程度成正比

焦虑告诉我们“想要守护的东西”，也就是“对自己来说重要的东西”。因此，焦虑也可以说是告诉我们“什么东西重要”的信号。

越是对自己有价值、觉得重要的东西，在其受到伤害、受到威胁、快要失去的时候，我们就越会表现出强烈的焦虑。如果是无关紧要的东西，就不会焦虑。

焦虑的强度与自己的重视程度成正比。

比如，妈妈的一支几十元的护手霜，就算孩子随便使用，妈妈可能也不会生气。但是，如果孩子把妈妈的数千元的高级面霜用得精光，又会怎么样呢？应该有不少妈妈都会有强烈的焦虑吧。这是因为，对于妈妈来说，高级面霜是很珍贵的东西，是很舍不得使用的。

妈妈如果注意到这个信号的话，就能看到对自己来说重要的东西。这样一来，就可以把不想被孩子弄坏、不想让孩子碰到的重要东西放在他们够不到的地方。

焦虑告诉我们重要的存在是什么

每个人重视的东西都不一样。在父母看来像垃圾一样的废纸，如果对孩子来说是很重要的作品的话，被扔掉的时候孩子会非常焦虑。另外，持有“不管做什么事，重要的是勇于挑战”价值观的妈妈，可能会对孩子不经意间说的“反正我做不到”这句话感到手足无措。

当你感到焦虑时，每次都要想想“我看重的到底是什么”这个问题。你以为你生气是出于对“孩子将来”的重视，最后才意识到这其中也有“让孩子成为自己理想中的样子”或“为了让自己得到安心”的原因。

“对自己来说重要的东西，对家人来说当然同样重要”“家人应该对自己珍视的东西给予理解”，抱有这种观点的人也很多，因此，有时他们也会因为得不到理解而感到焦虑。

每个人所重视的事情都不一样，不能把自己的想法强加给别人。就像孩子重视自己的作品一样，对妈妈来说，整洁干净的房间也很重要。孩子会重视自己的想法和时间，妈妈也会有重视自己的理想和面子的时候。

如果不能捕捉焦虑的信号，就想一想“这个重要的东西是否有守护的必要”“我无论如何也不会让步吗”。也许你根本没必要为此焦虑，也许你能在相互尊重的前提下想出更好的解决方案。

如果没有注意到信号呢？

- 可能意识不到对自己来说“重要的存在”。
- 可能无法守护重要的东西。
- 可能无法理解对方所“重视的存在”。

焦虑的信号4：
让我们意识到自己的“价值观”

背离“应该的事”，就会焦虑

让妈妈焦虑的真正原因是什么呢？是孩子不听话，是孩子不爱收拾，还是养育孩子的状况和环境呢？其实都不是。焦虑的真正根源在于自己内心的“应该”。

“应该那样做……”“应该这样做……”等自己认为是“理所当然”和“常识”的观念谁都会有。一旦发生与自认为理所当然的价值观相背离的事情，人们就会产生焦虑。

父母认为“孩子应该听父母的话”，否则就会生气；父母认为孩子“应该把房间整理得井井有条”，如果孩子不整理父母就会感到愤怒。可见，焦虑也是让我们意识到自己价值观的信号。

成长环境塑造了价值观

这种感觉“应该”的价值观，大多是在成长环境中，在长大

成人之前，在家庭、学校、社区、职场、社会活动中经过多年培养而形成的。

就算是吃一顿饭，也有各种各样的价值观。比如“应该遵守一日三餐”“不应该浪费”“应该拿好筷子”等，这是每个家庭都有的一般性价值观；有“应该用糙米，而不是白米”“应该用有机蔬菜”等因人而异的近乎刻板的“应该”的价值观。

价值观没有是非正误。即使是别人认为毫无意义的“应该的事”，对自己来说也是重要的“应该的事”。

为了与焦虑情绪和平相处，我们有必要了解自己的价值观。如果你过于重视某种价值观，以至于自己和家人都被焦虑所左右，或许你应该重新审视一下这种价值观。

自己之所以认定应该怎样，或许只是因为受到了父母、朋友和社会要求的影响。参考别人的价值观并不是坏事，但还是要重视自己的价值观。因为孩子不是你父母的孩子或朋友的孩子，而是你自己的。

育儿过程中感受到的焦虑，是重新审视自己价值观的好机会。

如果没有注意到信号呢？

- 可能意识不到自己认为理所当然的价值观。
- 可能意识不到导致自己焦虑的价值观。
- 可能按照别人的价值观来养育孩子。

焦虑的信号5：
告诉我们“自己真正的心情”

焦虑的背后隐藏着“自己真正的心情”

我们觉得“焦虑”总是突然出现，其实不然，其背后隐藏着“悲伤”“不安”“困惑”“后悔”等负面情绪。一旦违背了自己认为的“应该”，人就会表现为焦虑。

焦虑是一种非常强大的情绪，所以我们很难察觉到它背后的负面情绪。如果我们知道焦虑是某种负面情绪改变了自身形态而出现，那么在感到焦虑的时候，可以思考一下隐藏在其背后的负面情绪是什么。

焦虑是一种“负面情绪”，也就是说，它会成为我们意识到自己希望被理解的“真正的心情”的契机。

如果只是发泄焦虑情绪，就无法传达“真正的心情”

我们如果没有意识到自己真正的心情，就会把不安、不满、遗憾等情绪全部作为“焦虑”情绪发泄给对方。

例如，妈妈如果没有意识到自己真正的心情，而是把焦虑情绪发泄给孩子，孩子就会感到惊讶、伤心或悲伤。

如果孩子也没有意识到这种心情（惊讶、伤心或悲伤），而是先感到焦虑不安，就会用“沉默”“哭泣”“暴躁”“反抗”等态度来回应。这种态度会让妈妈越来越焦虑……在这样

的情况下，就会陷入用焦虑来回应对方焦虑的恶性循环（Vicious Spiral）之中。

当你感到焦虑时，请试着去关注自己内心的负面情绪吧。比如，对孩子不吃饭的焦虑其实是“担心”和“不安”；对孩子在超市里央求着“给我买”的焦虑是“羞耻”和“为难”；在孩子被其他小朋友骚扰却不还嘴时感到的焦虑中是否也隐藏着“悲伤”和“遗憾”的心情呢？

妈妈们如果注意到这种情绪，就可以告诉孩子“妈妈很担心你”“妈妈真的很为难”，很多情况下就不会情绪化地大发雷霆了。

妈妈们平时如果学会用语言传达自己的心情，孩子就能想象“做什么会让父母伤心、为难、不知所措”。另外，父母如果不是焦虑而是具体地表达自己真正的心情，孩子也会记住以同样的方式来表达自己的心情。

如果没有注意到信号呢？

- 可能总是用“焦虑”来发泄负面情绪。
- 妈妈可能没有把真正的心情传达给孩子。
- 孩子可能只会用焦虑的情绪来表达。

焦虑的信号6：
告诉我们“自己的理想”

有理想是可以的，但把理想强加于人是不行的

父母都希望孩子幸福，心怀很多理想。怀孕期间，妈妈认为“只要孩子健康出生就好”。随着孩子渐渐成长，各种各样的“理想”和“期待”也会涌现。

孩子有很多朋友，成为善解人意的好孩子。希望孩子在学习和运动方面都很优秀，要是也擅长钢琴和画画就好了。抱着与眼前的孩子有些差距的理想，一旦这个理想变成了“应该这样”的刻板想法，妈妈们就会因理想与现实之间的鸿沟而焦虑不安。

对因害羞而不愿打招呼的孩子感到焦虑，是因为妈妈描绘了一个“活泼开朗地打招呼的孩子”的理想形象；对不喜欢运动，只会在家画画的儿子感到不满，是因为妈妈有“希望男孩子强壮一些”的理想。“希望这样”的理想，不知不觉中成为妈妈焦虑的来源。

父母对孩子寄予厚望并不是坏事，但是把自己的理想强加给孩子，并要求孩子必须达到理想状态的做法并不可取。

父母的理想（对孩子的希望）和孩子的理想未必是相同的。父母抱着“希望孩子打棒球”的理想本身并没错，但如果把想踢足球的孩子强行送进棒球队，就成了“强加理想”。如果把孩子不希望的理想，或者与孩子的现状相背离的理想强加给孩子，不仅让父母陷入焦虑的怪圈，而且会把孩子逼到绝境。

重新描绘理想，生活变得轻松

如果感到焦虑，就客观地看待理想吧。如果自己的理想与现在孩子的情况相差甚远，建议重新设定成“稍微努力就能达到的理想”。“即使声音小，能打招呼就很好”“即使不进棒球队，休息日能在公园练习投接球也是可以的”——重新设定理想，父母的焦虑会因此而减少，孩子也会注意到打招呼的乐趣，或者通过投接球体会到棒球的乐趣。

通过这种信号意识到自己的理想，父母就能想出让自己和孩子都不焦虑的对策。

如果没有注意到信号呢？

- 可能把自己内心描绘的理想强加给孩子。
- 可能为了追求理想，陷入焦虑的怪圈。
- 可能会不认可“现在的孩子”，追求“理想中的孩子”。

焦虑的信号7：
告诉我们“自己的诉求”

责备对方之前先自我提问：“我为什么想让他这样？”

“其实我希望你这样做”，当自己的期望和要求没有实现的时候，人也会产生焦虑。

看到孩子早晨懒懒散散地玩耍而不做准备，妈妈会感到焦虑，是因为妈妈有着“希望孩子起床后马上洗脸、换衣服”的希望；妈妈因为孩子没有把学校的信交给自己而焦虑，是因为心里隐藏着“就算父母不说，也希望你能把信交给我”的诉求。

当事情不按照自己的想法发展时，会出现焦虑的信号，这是在告诉我们那些“没有被满足的诉求”。“自己想让孩子怎么做”“自己想怎么做”，如果妈妈注意到这样的诉求，就不会被焦虑所困，也不会情绪化地发怒，而是将其作为要求传达给孩子。

感到焦虑的时候，问问自己“想怎么做”这个问题。孩子回家后不洗手就吃零食，这令你很生气，在责备孩子“好脏！为什么不洗手！”之前，先问问自己“我想让孩子怎么做”。如果你注意到“想让孩子先洗手再吃零食”的诉求，就可以告诉孩子“请你洗完手再吃零食吧”。

试着问问孩子“你想怎么做”“你想要什么”

孩子有时会通过哭闹来表达不愉快的情绪。这种时候，试着问问孩子：“你想怎么做？”通过这个问题，孩子会意识到自己的诉求，比如“我想让你把玩具还给我”。然后，妈妈说：“你是想让我把玩具还给你吧？”通过这样的语言来表达，孩子就会获得“被理解”的安心感。

面对孩子的焦虑，关键是要关心“孩子想要什么”，而不是“父母想怎么做”。在之前的场景中，如果父母说：“把玩具给我！”孩子可能会认为“即使自己忍耐，也必须优先考虑对方的诉求”。

还有一种情况，如果父母说：“这是我家孩子的玩具，不要拿。”并从孩子的朋友那里把玩具拿回来，孩子可能会认为“自己的东西也可以不借给别人，甚至借了强行拿回来也可以”。

总之，父母要用能让孩子意识到“自己诉求”的提问方式，让他能主动向朋友传达“这是我的，所以希望你还给我”。

如果没有注意到信号呢？

- **可能会因为生气而责备孩子。**
- **可能无法正确地传达自己对对方的要求。**
- **可能无法效果很好地斥责孩子。**

焦虑的信号8：
让自己成长

通过焦虑知道自己该走的路

焦虑也是让自己成长的信号。之所以这么说，是因为如果妈妈们能注意到前文所述的焦虑所发出的各种信号，就能更深刻地理解自己的价值观、自己重视的事情以及理想等“自我”。

焦虑会成为比积极情绪更强烈的信息，成为推动自己前进的原动力。这种情绪就像指南针一样，指引着我们前进的方向。

如果我们不能很好地处理焦虑，愤怒的矛头可能会指向他人或事物，有时甚至会伤害自己。注意到焦虑的信号，并建设性地加以利用，也许能让自己成长。

孩子和大人都渴望成长

日常生活中，我们在与孩子接触的时候，经常会有“孩子想要成长”的切身感受。孩子本来不想让人帮忙，自己一个人换好

衣服，却因没顺利换好而变得暴躁；输掉比赛懊悔地流泪——每当看见孩子的这种状态，就会感受到他们“我想变得可以独当一面”“我想拥有在比赛中取胜的能力”的强烈想法。

大人不也一样吗？把焦虑发泄在孩子身上时，自己之所以会感到失落，是因为“想要成为能够控制焦虑的人”“想要变得能巧妙地斥责孩子”“想要成为自己心中理想的妈妈”，其根源其实是“想要作为父母、作为人去成长”的诉求。你不觉得这样想很美好吗？

曾有一位参加过愤怒情绪管理课程的妈妈与我分享：

“我发现，我之所以对丈夫的话感到焦虑，是因为我有着

‘我也想工作’的思想。虽然丈夫反对，但实际开始工作后，自己得到了满足，心情愉快的时间也变多了。

之所以强迫孩子学习，可能是因为我自己没能顺利地升学，所以想把自己的梦想寄托在孩子身上。我想起来，其实我自己也想上大学，所以就进入了函授制大学。”

面对焦虑的信号，比起让孩子成长，也有父母意识到“更想让自己成长”。可见，如何理解焦虑的信号，全部取决于自己。

如果没有注意到信号呢？

- 可能会把焦虑当作破坏性的力量。
- 可能会错过自我成长的机会。
- 可能会把焦虑归咎于某人或某事。

骨番的

愤怒情绪管理

回来了要先写作业吧？
我好累~~
优哉游哉~
等会儿再做~
漫画
作业
回来了要先写作业吗？
嗯~
等会儿再做~
又会这样说吧……
今天做完就行！
是啊……今天也上了5个小时的课了。
看漫画吧，放松放松也是必要的。
啊……妈妈你不生气吗？
那~~就写作业吧~
ヘ…ヘヘ
作业
啊——?!
这是怎么了~

第3章
巧妙地“发脾气”，只需掌握5个步骤

妈妈可以焦虑，也可以生气。

在第3章中，我们将通过5个步骤来学习愤怒情绪管理的基本思想，认清“有必要生气的事情”和“没有必要生气的事情”，教会大家成为善于巧妙生气的妈妈。

生气时要遵守的3个原则

生气时的原则是什么？

要想巧妙地表达生气，需要遵守一些原则。这些是让每个人都受到尊重，让大家都心情愉快的必要原则。当你感到焦虑时，请在遵守以下3条原则的条件下再生气吧。

方法和要点

❶ 不要伤害自己

❷ 不要伤害他人

❸ 不要弄坏东西

即使焦虑不安，妈妈们只要能遵守这3条原则，就能和孩子建立起互相尊重、互相信赖的关系。

在不伤害任何东西的情况下生气，就不会后悔

什么都是自己的错……明明知道自己受到了伤害却强忍着……明明很讨厌却还是接受——这是伤害自己的状态。妈妈们明明有必要生气，却不能巧妙地表达怒气。如果这种状态一直持续并逐渐加剧，妈妈就会过度自责，继而暴饮暴食，伤害自己的身体。巧妙地发火，也是妈妈对自己的一种保护。

另外，发火时不伤害他人也很重要。打、踢等身体上的暴力，“笨蛋”“人渣”等伤害自尊心的话，以及目中无人或大声威胁的态度、过分的要求、兄弟姐妹之间巨大的歧视、当着孩子的面发生夫妻间肢体冲突——这样的言行，会给孩子在心理上造

成压力，让孩子感到恐惧，最终伤害孩子。孩子只会看父母的脸色行事，无法独立地思考、发言、判断和行动。

所以，生气时，尽量不要有撕破衣服、踢垃圾桶、把墙壁或屏风砸出一个窟窿等破坏物品的行为，也就是不要去实施这些撒气的行为。即使不破坏物品，应该也有很多人会故意在洗碗和收拾东西时发出很大的声响，或是用力把门关上。虽然拿东西撒气可能会在一瞬间让人觉得痛快，但是这种行为会逐渐升级。破坏物品本就解决不了问题，还会让看到的人感到恐惧和不快。

如果任由愤怒伤害自己、他人或物品，最终只会让自己后悔。请大家不要忘记上述3条原则。

总结

- **生气时不要伤害自己或他人，也不要破坏物品。**
- **攻击人或物的行为会逐渐失控。**
- **巧妙地发火可以避免伤害到自己。**

巧妙生气有诀窍

生气的诀窍是什么？

为了巧妙地发脾气，妈妈们首先要了解以下4个诀窍：①对冲动的控制；②对思考的控制；③对行动的控制；④掌握表达方式。其中，①可以马上实践，②③④需要花费一些时间来学习。

方法和要点

❶ 对冲动的控制 ➜ 步骤1

在火冒三丈的时候，条件反射性地想发泄焦虑情绪，为了控制此时的冲动行为不至于过后后悔的方法。

❷ 对思考的控制 ➜ 步骤2、步骤3

为了区分“有必要生气的事情”和“没必要生气的事情”而创造出的方法，主要是控制思考方式，不轻易地产生焦虑。

❸ 对行动的控制 ➜ 步骤4

面对需要生气的事情时，能够选择适当行为的控制方法。

❹ 掌握表达方式 ➜ 步骤5

在不伤害对方的前提下，巧妙地表现出“我在生气”的表达方式。

> 愤怒情绪管理是一项技术。只要磨炼对冲动、思考、行动的控制和表达方式这4个技巧，就能成为会巧妙生气的妈妈！

焦虑可以自己控制！

妈妈首先要掌握的是“①对冲动的控制”，也就是当妈妈生气的时候应该如何应对。如果妈妈无法控制自己的冲动，就会因冲动地发泄情绪，而最终感到后悔。这样一来，既没有把希望孩子理解的事情传达给孩子，也没有做到巧妙地表达怒气。

相反，如果妈妈能控制冲动，就能冷静地做出判断，选择合适的行为和表达方式，也没有必要事后为自己的愤怒言行而后悔或自责，又或每次都因同一件事对孩子生气。

妈妈如果能做到①，那么就可以学习“②对思考的控制”。

妈妈之所以会被焦虑所左右，是因为对妈妈来说，“不能原谅的事”和“可以原谅的事”的界限是模糊的。如果妈妈能明确划分界限，区分开“有必要生气的事”和“没有必要生气的事”，就不会因为自己的心情和身体状况而被焦虑所左右。

妈妈如果掌握了②，接下来就是“③对行动的控制”，也就是不要冲动地发泄自己的焦虑情绪，而是具体思考自己该如何应对有必要生气的事情，并采取行动。然后，妈妈在明确了应该采取的行动之后，为了将意图正确地传达给对方，就要“④掌握表达方式”。

如果妈妈能巧妙地生气，孩子也能知道自己必须遵守的规则，即使在理解不了的情况下，孩子也能以向妈妈传达自己的心情的方式回应，而不是不明所以地撒泼打滚。

总结

- 首先从对冲动的控制开始学习吧。
- 三思而后行。
- 妈妈如果能巧妙地发火，就能正确地向孩子传达意图。

巧妙地发脾气　步骤1：
生气时等待6秒

生气时为何要等待6秒？

等待6秒是为了防止妈妈冲动地发泄愤怒情绪。情绪在涌上来的瞬间是最强烈的，但这种状态不会一直持续。据说，无论多么强烈的情绪，只要等待6秒钟，理性就会介入，人会慢慢冷静下来。

方法和要点

- **生气时，不要做出无意识言行（言语和态度），试着等待6秒钟。**
- **为了做到等待6秒钟，需要运用到后面第4章的“6秒魔术”。**

先试着坚持一个月“等待6秒”吧

请妈妈们下定决心即使生气也不要做出无意识言行，并付诸实践。遗憾的是，即使心里清楚了，如果不去实践也无法实现。特别是面对身边的孩子，妈妈一生气就会无意识地用强硬的语气发火。

首先可以尝试在一个月内，为了不无意识地发火，等待6秒。我自己刚开始尝试愤怒情绪管理时，就下定决心“一个月之内不要无意识地生气，等待6秒”。于是，我意识到之前让我生气的事情，大部分都不是很有必要生气的。

在此之前，我已经养成了无意识生气的习惯，但经过一个月的不断尝试，我改掉了这个习惯。我慢慢习惯于冷静思考，明白了自己之前是如何被焦虑所左右的，导致本该做的事情没有着手，白白浪费了大量的精力和体力。

如果妈妈们像这样掌握“等待6秒”的方法之后，就能思考“这真的有必要生气吗”“自己该如何采取行动比较好呢”“如何向孩子表达比较好呢”等问题，并冷静地整理焦虑情绪。如果能感受到这种效果，那么愤怒情绪管理的过程就会变得非常顺利。

在接下来的第4章中，我将介绍“6秒魔术”——等待6秒的各种方法。请大家选择适合自己的方法试试吧。

总结

- **下定决心，即使焦虑也不要采取无意识行为。**
- **等待6秒钟，避免做出无意识言行。**
- **坚持一个月“等待6秒”，养成不无意识生气的习惯。**

巧妙地发脾气　步骤2：决定“是否生气”

为何需要做决定？

如果妈妈们能看清愤怒的根源，即自己心中“应该”的边界线，就不会被焦虑所左右。因为教养能保持一贯性，所以“可以做的事和不可以做的事”“应该遵守的规则”等，都能被浅显易懂地传达给孩子。

方法和要点

1. 焦虑的时候等待6秒钟，在心里描绘如下的三重圆。
2. 思考一下自己的焦虑感在三重圆的哪个位置。

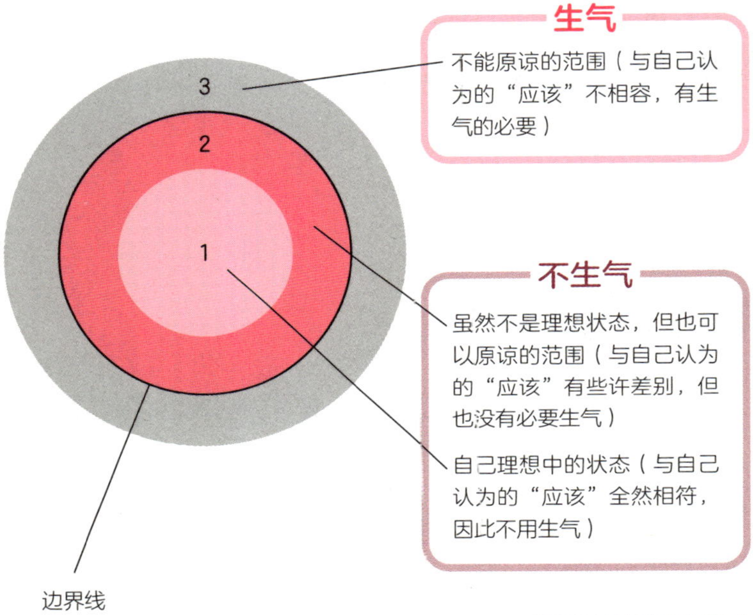

一般社团法人日本愤怒情绪管理协会

弄清楚是2还是3。其判断标准是发火后“后不后悔”，如果是生气会后悔的事情就放在2所在的圈里，如果是没生气会后悔的事情就放在3所在的圈里。

如果知道“应该”的边界线，就不会被“心情”所左右

妈妈之所以会被焦虑左右，是因为自己也不知道“可以原谅与不能原谅”的界限。

例如，对于把房间弄乱不收拾的孩子，某一天你说：“算了，就这样吧。”然后便放任不管，但另一天你又发火：“怎么这么乱！”

这是因为，对于“孩子不收拾房间”这件事，妈妈心里还没有明确“可以原谅和不能原谅”的界限。疲劳、睡眠不足等造成的不良身体状况，以及当时的心情，都会左右愤怒情绪的爆发。面对同样的状况，妈妈如果选择性地生气，孩子就会陷入混乱，不知道该怎么做才好。

妈妈一旦意识到这条边界线，就会发现“真正需要生气的事情”并不多。妈妈虽然不喜欢房间乱，但如果只是绘本没整理好的情况还是可以原谅的；毛绒玩具掉在地上让妈妈很困扰，但是踩上去脚又不会疼，所以也可以原谅。但是，积木这种一踩到脚就疼的玩具到了晚上都还没收拾好，是不能原谅的。如果妈妈像这样划清界限，那么除了在“不能原谅”的情况下一定会生气，其他情况下就不会生气了。

另外，妈妈如果不知道自己的边界线，那么有时候明明是不能原谅的事情，也会选择原谅。孩子知道反正妈妈不会生气，就会变得更加无法无天，希望妈妈不要生气的行为也会扩大升级，最后很可能会变成什么都按照孩子的要求去做的状况。把有必要生气的事情巧妙地传达给对方，守护你认为最重要的东西吧。

总结

- 等待6秒时，思考“是否应该生气”。
- “生气或不生气”的判断标准是后悔与否。
- 如果妈妈知道“生气与不生气”的界限，生气的次数就会减少。

巧妙地发脾气　步骤3：
开阔心胸，养成不易生气的思维方式

如何做心胸才会开阔?

首先，让我们扩大焦虑三重圆之2“虽然不是理想状态，但也可以原谅的范围”（P62）。为了能每次以同样的原则发火，设置确定的界限，让孩子明白“妈妈不能原谅什么”。

方法和要点

❶ 扩大“勉强可以原谅”的范围

妈妈即使很生气，也要考虑能否尽量在“虽然不是理想状态，但可以原谅”的范围。考虑“至少”可以原谅的范围。

❷ 将界限确定

为了不让界限因心情而动摇，妈妈无论何时都要争取以同样的原则生气。

❸ 将界限告诉孩子

妈妈要用具体的语言告诉孩子三重圆中1、2、3的分界线。

妈妈在心情好的时候也会生气，不管在什么情况下生气，都属于“不能原谅的范围”。

重新审视“理想”，扩大界限，并使之确定

妈妈有理想并不是坏事，但如果理想与现实相差太远，就会反复焦虑。妈妈应试着重新审视理想，扩大“虽然不是理想

情况，但可以原谅的范围”。扩大宽容的范围，也就是开阔心胸。

例如，妈妈有对早上迟迟不起床的孩子感到焦虑的情况。如果用三重圆来思考妈妈焦虑的根源，也就是妈妈的“早上应该早点起床”的价值观。妈妈理想中的三重圆之1是“即使父母不叫孩子起床，孩子自己也能在7点之前起床”，不过妈妈也可以试着扩大2的范围，使用“至少”“起码”“最低限度”等关键词是诀窍。“至少在出门前15分钟起床就行”“就算没有吃早饭的时间，至少能吃个饭团就行”等，妈妈应尽可能在允许的范围内进行思考。

而且，实际处于2的范围时，妈妈即使心情不好，也不要生气，要保持确定的界限。此外，妈妈要把自己到底“原谅与不原谅”的界限具体地传达给孩子，让孩子也能明白妈妈的界限是什么。妈妈如果不知道界限在哪里，不知道一件事情“到哪里能被原谅，到哪里不能被原谅”，那么孩子也很难遵守规则。

“希望你7点前自己起床（范围1）。如果你起不来的话，至少要在外出前15分钟起床哦（范围2）”“早上就算时间紧迫，至少也要吃个饭团啊（范围2）”“你要是在出门前15分钟还没起床，我就生气了（范围3）”“不吃早餐去学校是不行的啊（范围3）”——妈妈在平时就要通过像这样具体的语言将自己的三重圆的界限传达给孩子，当然，在斥责时传达给孩子也是可以的。

总结

- 努力扩大三重圆中“勉强可以原谅”的范围。
- 为了不因心情而动摇，设定确定的界限。
- 用具体的语言将自己的界限传达给孩子。

巧妙地发脾气　步骤4：
妈妈需要生气时要决定做何行动

为何需要决定行动呢？

“为什么他就是做不到？”如果妈妈只是像这样从孩子身上寻找原因，或只是希望孩子“听我的话就好了”，状况是不会改变的。妈妈通过决定自己如何行动，才能改变焦虑的状况。

方法和要点

❶ **可以将第62页的三重圆中“不能原谅的范围”的事情，整理为以下4种：**

	可以改变	无法改变
重要	（1） 可以改变 / 重要 如果关于“到何时”“何种程度”的情况有变，则考虑心情是否愉快，并立即行动	（3） 无法改变 / 重要 接受“无法改变”的事实，寻找其他办法
不重要	（2） 可以改变 / 不重要 有余力的时候再着手	（4） 无法改变 / 不重要 放着不管，不用在意

❷ 整理好后，再决定之后的行动

妈妈在整理的时候，要根据对自己和孩子来说是不是“长期的”“健康的”来判断。试着思考一下“自己有没有单方面地把期待强加给孩子”“自己对孩子的要求是不是过高了”。

为了决定行动，把有必要生气的事情整理成4个方面

妈妈在判断“有必要生气的事情”时，不要马上表现出生

气，而要决定好应该采取什么样的行动。首先，请妈妈们以“可以改变／无法改变”“重要／不重要”为坐标来思考，并将生气的状况整理成4个方面。

例如，“孩子没有将学校的重要信件交给父母，父母因此没能参加家长会”，这让妈妈很焦虑。因为这是重要度高、可以改变的问题（1），所以必须马上采取行动。

“希望你能在这个学期养成上交学校信件的习惯。为了养成这个习惯，你可以在睡觉前告诉我学校发了信件”——妈妈要像这样决定并实行改变状况的行动。如果孩子能养成通过向父母打声招呼来上交学校信件的习惯，妈妈就能减少焦虑。

对于可以改变但不重要的事情（2），不马上去做也没关系。即使客厅里玩具很乱，但妈妈只要告诉自己“又没有客人要来，等有时间再收拾吧”，这样决定后，就不会焦虑了。

另外，孩子的性格和体质等是“无法改变”的。

例如，孩子明明对一些食物过敏，却在朋友家吃了各种各样的零食，妈妈为此感到焦虑。因为这是可能会危及孩子生命安全的重要问题，所以妈妈在提醒孩子自己注意的同时，也要寻找其他的方法，比如“孩子去朋友家的时候，让他拿着能吃的东西和不能吃的东西的清单”。

如果是“不重要”的事情，就不要在意了。通过“置之不理”或“漠然置之”的方式来放下焦虑吧。

总结

- 把需要生气的事情整理成4个方面。
- 通过亲子双方都开心的方式来整理需要生气的事情。
- 从长远的角度来进行整理，而不是简单地谋求暂时的解决之策。

巧妙地发脾气　步骤5：

掌握表达方式

什么是好的表达方式？

巧妙地生气，是妈妈在不伤害他人、自己或物品的情况下，将“其实我希望你……”这样的要求和真正的心情传达出来。妈妈们要以“我”为主语，简洁地告诉孩子“下次希望你怎么做”。

方法和要点

- 妈妈要思考焦虑的背后有什么样的“要求”。
- 妈妈要思考焦虑的背后有什么样的“心情”。
- 妈妈要以“我”为主语，而不是“你”，通过稳妥的方式来表达。

所谓“巧妙地生气”，是指不针对人或物而巧妙地表达自己的愤怒情绪。本书将“斥责”“提醒”“指摘”“建议”“忠告”等都定义为巧妙地生气。

注意到“自己的要求”，就能巧妙地生气

当妈妈能够控制焦虑后，就要掌握最后一个步骤：巧妙地表达愤怒的方法。

当妈妈心情焦虑的时候，语气就会变成责备。孩子一旦感到“被责备”，就会激起防卫本能，具体表现为想找借口，想要逃避问题。于是，妈妈会斥责：“不要找借口！错在你！”由此便会陷入咄咄相逼的恶性循环。

为了巧妙地生气（批评），妈妈要问自己“我真正想要的是

什么”，然后，以“我”为主语向孩子传达信息。

例如，不要说“你怎么搞得这么乱”，而要正确地向孩子传达“我希望你在6点之前收拾好”的要求，这才是巧妙的批评方式。也不要说“认真地”“好好地”这种好坏标准因人而异的话，而是要具体地说“把地板上的玩具全部放进篮子里”。另外，也请妈妈们将自己焦虑背后的真实心情传达给孩子，可以这么说：“如果不收拾的话，妈妈会难过的。”

为了能巧妙地生气，也请妈妈们注意以下几点。首先，重要的是妈妈要当时当场对孩子进行批评。过了一段时间，妈妈再去批评过去的事情，孩子往往会不记得当时的情况，而且说话的过程中很容易偏离论点。其次，妈妈只需批评孩子的“行为”和“态度”，不要指责孩子的性格、容貌等无法改变的东西，也不要拿孩子和他的兄弟、朋友进行比较。因为被比较会刺激孩子的逆反心理，孩子很快就会养成和别人比较的习惯。

总结

- **妈妈要传达自己的要求和真正的心情。**
- **妈妈要以自我（我）为主语，稳妥地表达。**
- **妈妈要当时当场对孩子的行为和态度进行批评。**

骨番的 愤怒情绪管理

真是的！为什么你每天都弄得这么乱？
嚷嚷～
快点收拾啊！！
唷～
这种感觉会让彼此都焦虑不安。
如果把『我』作为主语，稳妥地表达自己的心情的话
妈妈希望小诗能变得善于收拾卫生。
——那么，可以一起在变干净的房间里跳舞吗？
啊！？
妈妈想跳舞吗？
收拾完了噢。
呼
怎么样？
真棒！！
通过一个表达方式，居然改变了这么多……
那就来跳舞吧！

立刻见效的魔术，缓缓见效的魔术

从下一章开始，我将具体介绍日常生活中可以应用的愤怒情绪管理法。愤怒情绪管理沄有两种：一种是在妈妈感到焦虑的瞬间就采取行动的方法，另一种是通过每天重复的练习来掌握不容易焦虑的思维方式。前者是“对症疗法”，后者是“改善体质”，这样想象应该会比较容易理解。

第4章介绍的是对症疗法。愤怒的情绪容易失控，妈妈在生气的瞬间就会无意识地对孩子大发雷霆，或是一味地责备。但是，人的愤怒一旦持续6秒，理性就会发挥作用，让它冷静下来。

为了等待这6秒，接下来我将介绍“6秒魔术”的各种方法。每一种都很简单，请妈妈们选择适合自己的“魔术”吧。

只要实践“6秒魔术”，任何人都能养成不无意识生气的习惯，妈妈对孩子生气的频率也会减少。正因为这些都是在每天的生活中父母和孩子可以一起做的事情，所以妈妈先在孩子面前做个示范吧。孩子们都对大人做的事情很感兴趣。

当妈妈很开心地投入到“6秒魔术”中时，孩子也会被妈妈脸上出现笑容的姿态所影响，应该会心想“我也想试试”。所以，让我们用“6秒魔术”来打造快乐的亲子关系吧。

在第5章中，我将介绍希望大家每天都能做到的“开阔心胸的魔术”。和“6秒魔术”不同，“开阔心胸的魔术”是需要长期努力的魔术。

我们内心产生的情感，接受着我们长年养成的思维和习惯行为的影响。因此，只要我们改变自己的思维方式和行为习惯，就能塑造“不易动怒的自己”。

我认为这和“道”的世界是一样的。例如，茶道、花道、书法等，这些不是我们一开始就能掌握的东西。但通过长时间不断的练习，我们会踏实地进步、成长，即使不刻意而为，我们也能做到。

在愤怒情绪管理方面，只要我们肯花时间去学习，就能逐渐开阔自己的心胸，宽容孩子的言行，包容自己，改变焦虑的状况，或能够感受到各种各样的变化。让我们一起投入到“开阔心胸的魔术”中，从“愤怒妈妈”的行列“毕业”吧。

如果父母和孩子一起努力，妈妈就会变得更了解孩子，孩子也会更了解妈妈。

在第6章中，我将以实际接受过咨询的妈妈们的烦恼为例，解释如何活用本书中所介绍的愤怒情绪管理方法。妈妈和孩子的焦虑，以及如何缓解日常生活中经常发生的焦虑场面——这是很多妈妈的共同烦恼吧。

本书介绍了应对各种焦虑情况的技巧（魔术），希望大家能在日常生活中实践愤怒情绪管理时进行参考。

另外，我虽然针对烦恼案例介绍了两三个技巧，但并不意味着不采用这些方法就无法解决问题。除了“6秒魔术”“开阔心胸的魔术”，请大家通过其他各种各样的方法去探究愤怒情绪管理。

第4章
现在马上就能做到！
——“缓和焦虑”的魔术

在这一章中，我将为大家介绍不被焦虑所左右的“6秒魔术”。这些都是在焦虑的时候让心情平静下来的应对方法，每一种都是马上就能做到的。请妈妈们在每天的育儿过程中，和孩子一起实践。

“6秒魔术”之一：
“停止思考”战术

焦虑时脑子里一片混乱

当妈妈感到焦虑，或是对孩子发火的时候，大脑就会处于失控的状态。“这孩子为什么要做这种事？”“我之前明明提醒过他。”“是我的管理方式不对吗？”“他可能是受了朋友的影响吧”，等等。妈妈如果像这样寻找原因，就会陷入沮丧、反省、后悔之中，五花八门的想法会一个接一个地在脑海中盘旋。

在这种失控的状态下，妈妈无法冷静、客观地看待自己的焦虑。因此，妈妈会无端地发泄情绪，或是因为自己的臆想和断定而单方面地对孩子发火，这些都不是在巧妙地发脾气。

让这种失控的思绪停止就是“停止思考”战术。

在“纯白”的画布上重新描绘心情

试想一下，在画布上画画的时候，如果你怎么也画不出自己所想，是不是就会想要恢复到白纸的状态？头脑也是一样的。请妈妈们借助想象的力量，让焦虑、混乱的头脑重新恢复一片空白吧。

在脑海中尽情想象一张纯白的画布，并将自己的意识转向那里。因为妈妈们只要把意识集中在一张纯白的画布上，不去想发怒的原因和理由，就能暂时停止失控的思维，让反应慢下来。

妈妈也可以在心里对自己说：“停！”除了纯白的画布，妈妈们也可以想象一片白皑皑的雪景，或涂着纯白油漆的墙壁等，只要想象的不是带有颜色和形状等具有具体意识导向的东西就可以。

方法和要点

1. 当你感到愤怒时，对自己说：“停！”
2. 在脑海中想象一张纯白的画布，并将自己的意识转向那里。

如果闭上眼睛更容易想象的话，那就闭上眼睛吧。

父母和孩子一起试试吧！

当妈妈想要制止孩子的行为时，不要突然吼叫“你在干什么！不可以这样做！”而是当场说“停！”，然后握住孩子的双手，和他面对面。这样做可以暂时让孩子停止某种行为，恢复冷静。

孩子也会因为自己的手被握住而意识到“行动该停止了”。妈妈隔着很远的地方大声责备孩子，或与孩子面对面讨论——方式不同，孩子的理解方式也会不同。

"6秒魔术"之二：默念"冷静咒语"

用"咒语"让自己静下来

焦虑的时候，你希望周围的人对你说些什么呢？"你生气过头了""难道不是你的原因吗？"谁都不希望听到这样的话。即使是自己有错，如果对方说"不用担心""没关系的"之类肯定你的话，心情也会平静下来吧？

当你很生气，无意中对孩子发火时，请默念能让自己平静下来的"咒语"。度过这6秒钟，就能让焦虑的心情彻底冷静下来。另外，通过对自己"施加咒语"，也能免于自责（伤害）。

准备好每个场景的"咒语"

只要不是伤害他人的言语，什么咒语都可以。"不要在意，不要在意""他只是个孩子，才5岁"等，试着说一些能让自己心情放松的话。说出声来也好，心里默念也行。

根据不同的场合，建议妈妈们准备一些不同的“咒语”。

例如，如果孩子失败了，就说“没关系，别在意”（Don't mind）；如果父母和孩子的意见发生冲突，就默念“我是我，孩子是孩子”；如果妈妈因为自己的失败而焦虑，就告诉自己“有时候是这样的”。诸如此类，仿佛在各种场景中制作出一些“变奏曲”。

妈妈们如果把喜欢的艺人或歌手的名字、喜欢的歌曲的歌词、搞笑艺人的经典台词等作为“咒语”，念的时候脑海中就会浮现出相应的形象，脸上也会不由自主地露出笑容，变得轻松。

方法和要点

1. **制作让自己冷静的“咒语列表”。**
2. **生气的时候，默念“咒语”。**

父母和孩子一起试试吧！

妈妈们也试着制作孩子用的咒语吧。请妈妈们和孩子一起思考，什么样的咒语能让心情放松。

例如，记忆中动漫英雄和角色的名字、台词，“巧克力”“软糖”“柠檬汽水”等喜欢的食物，孩子在焦虑的时候，说出来或者想到这些，就会感到高兴和快乐。心情好了，就能度过6秒钟。

另外，建议妈妈们也制作一些好听的“咒语”、有韵律的“咒语”、夹杂着幽默的“咒语”等，这样的“咒语”能让心情变得愉快。如果感到焦虑了，请妈妈们和孩子一起默念这些“咒语”吧。

“6秒魔术”之三：
“嘶～哈～”深呼吸

呼吸是愤怒的晴雨表

就像“息”这个汉字是由“自”和“心”组成一样，气息（呼吸）体现着我们内心的状态。

日语有一个词叫作“息卷”（いきまく），这个词用来形容人慷慨陈词、怒气冲冲。其原意是“人的呼吸节奏如同飞沙走石一般急促”，而当心情焦虑的时候，呼吸确实会变快、变浅、变急促。

相反，当我们心情平静的时候，通过深呼吸，身体也会放松。

呼吸和心理状态就是这样相互影响的，因此，我们通过调整呼吸，可以舒缓身心，让自己平静下来。

深呼吸一次就能超过6秒

调整呼吸最简单的方法就是深呼吸。即使我们只深呼吸一次，大概也需要12秒，通过这种方法就能让我们的愤怒情绪平静下来，度过6秒。

我们熟悉的广播体操也是以深呼吸结束，不管是孩子还是老人，深呼吸是谁都可以马上做到的，深呼吸也是简单且立竿见影的“6秒魔术”。实际上，有很多妈妈向我报告说：“心情焦虑的时候，只要深呼吸一下，我就没那么生气了。”

深呼吸的重要步骤是吐气。如果我们能在6秒内彻底吐气，自然就会深深地吸气。调整呼吸，让焦虑情绪冷静下来吧。

方法和要点

1. 噘嘴，细而长地呼气（6～8秒）。
2. 把体内的气全部吐完后，吸气（3～4秒）。

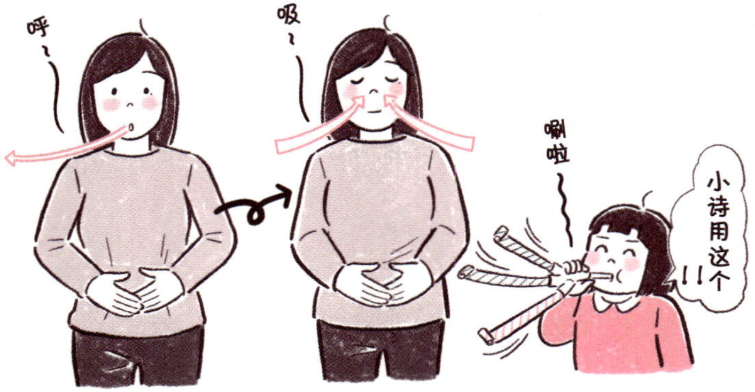

呼气的时候，要有意识地进行腹式呼吸。吸气的时候，姿势要端正，稍微挺胸。眼睛睁开或闭上都可以。

父母和孩子一起试试吧！

对孩子来说，想办法让呼吸“看得见”，就容易从焦虑中转移注意力。

例如，可以使用气球、带有吹吹卷的口哨、绑在吸管上的塑料袋等，能够从视觉上感受到吸气和呼气行为的东西。

妈妈们可以在孩子经常待的地方准备一些这样的物品，能让孩子一边玩一边平静下来。

妈妈和孩子情绪激动的时候，可以联合使用“离开现场”的技巧，暂时到阳台或院子里一起做深呼吸。

“6秒魔术”之四：
在头脑中做减法

保持理性，抑制焦虑

大多数人都无法一边计算一边思考其他事情，因为意识会集中在“计算”上。而“在头脑中做减法”就是将这一性质应用到了缓解焦虑情绪上。

大脑中含有前额叶皮质（prefrontal cortex），这是抑制人的感情、掌管理性和判断力的中枢。当妈妈们感到焦虑的时候，在头脑中做减法，就会活化前额叶皮质，使妈妈们变得理性，避免被焦虑的情绪所左右。

进行稍微难一点的计算会更有效果

如果妈妈们感到焦虑，就在脑海中进行从100开始的减3运算，如“100、97、94……”。这是当场就能完成的简单方法。

但如果妈妈们每次都做同样的减法，习惯后效果可能会变弱，所以这时不要从100开始，而是从200开始，如“200、197、194……”，或者使减数从3变成6，如“300、294、288……”，或者使用英语“One hundred，Ninety-nine…”，诸如此类，不稍微思考一下就想不出答案的难度，更能把意识从焦虑中转移开。

父母和孩子在家里进行计算的时候，可以把数字说出来，或者也可以事先一起决定好“这个月焦虑时要做的减法”，然后再进行实践。这样可以使这种冷静方法成为习惯。这也是一种不仅可以调节焦虑情绪，还可以提高计算能力的一石二鸟的“6秒魔术”。

方法和要点

1. 焦虑的时候，在脑海中慢慢地进行从100开始的减3运算。
2. 一直计算到愤怒平息下来为止。

父母和孩子一起试试吧！

孩子做减法的时候，从10开始的减3运算可能也需要花6秒左右。如果孩子觉得做减法很难，建议单纯地倒数“10、9、8、7……”。

另外，妈妈们还可以事先制订“焦虑时父母和孩子一起计算”的规则。比如，妈妈问：“100减3等于多少？”以此作为信号，妈妈就可以和孩子一起计算。

“6秒魔术”之五：
“钉在当下”战术

专注于“现在”，而不是过去和未来

“为什么我会说出那种话”“当初我要是这样做就好了”等，人们回忆起无法改变的过去，就会再次体验当时的焦虑感；“要是下次再遇到同样的事情就糟了”，或者像这样想象没有实际发生的未来而感到不安。

如果我们在过去和未来之间徘徊，内心充满后悔和不安等负面情绪，就会变得越来越焦虑。我们生活的世界，既不是过去，也不是未来，而是“此时此刻”。如果我们能把注意力集中在“当下”，就能防止焦虑情绪的加剧和愤怒情绪的失控。

因此，当感到焦虑的时候，妈妈们不妨试试“钉在当下”战术。

制造“钉在当下”的时间空隙

“钉在当下”，顾名思义，就是使自己无法离开当下。无论妈妈是在室内还是在室外，焦虑的时候，强制集中意识，仔细观察当时看到的东西的形状、颜色、伤痕、污渍、图案、文字等，这样就能度过6秒，恢复冷静，或者也可以在心中进行实况转播。

对于每天被育儿折腾得团团转的妈妈来说，即使只有6秒的“钉在当下”时间，也会有新的发现。比如妈妈在经常去的公园里，通过“钉在当下”，会发现“这里什么时候还开了花”“这里居然有这样的招牌”等，应该可以感受到新鲜和喜悦吧。正因为日子匆匆忙忙地流逝，所以妈妈更应该有意识地创造出能够“钉在当下”的时间空隙。

方法和要点

1. 把注意力集中在眼前的东西上。
2. 对于眼前的东西，妈妈可以在脑海中进行实况转播。

如果是在厨房，就用厨房工具，在公园的话，用花和石头等都可以。通过观察颜色、形状、大小、模样等，集中意识！

父母和孩子一起试试吧！

孩子生气的时候，把视线转移到其他事物上是很有效的。妈妈只要改变孩子的视线，映入眼帘的信息就会改变，因此可以将意识从愤怒中转移。

“啊！这里有虫子。你猜这是什么虫子？什么颜色？有6条腿还是8条腿？”诸如此类，妈妈就眼前的事物与孩子进行细致的交谈，可以转移孩子的注意力，让焦虑的情绪有所缓解。

“6秒魔术”之六：
愤怒的“刻度标记”

如果能为愤怒标记刻度，就更容易将其看清

妈妈之所以觉得难以控制愤怒，是因为愤怒是一种无形的情感。

气温和体温虽然是肉眼看不到的东西，但我们通过温度计和体温计的数值就能清楚地识别出来。凭借这样的行为，妈妈就能清楚地判断并决定“今天穿这件衣服”“去医院”等行动。

同样，妈妈如果将愤怒情绪也赋予刻度将其量化，就能知道自己在不同的愤怒值下应该采取的应对措施，从而更好地处理情绪。

通过标记刻度来控制自己的愤怒

妈妈们并不总是感到同样强度的愤怒。从“不愉快”“吃惊”“生气”等程度的愤怒，到“怒火中烧”的愤怒，其强度每次都不一样。

当感到愤怒时，请妈妈们试着在心中设定愤怒值（1～10）。例如，“这是2度的愤怒，所以还不至于生气”等。妈妈们像这样做就能客观地看待自己的愤怒，从而采取冷静的行动。

持续给自己设定愤怒值，妈妈们就会逐渐发现自己的愤怒倾向和模式。

例如，“孩子不学习的话，愤怒值会升高到7～8度左右”“孩子每天早上都不起床，令人焦虑，但是愤怒值只有2度左右”等，这样妈妈就能了解自己在什么样的状况下会焦虑到何种程度。妈妈如果知道了自己的“愤怒点”，就可以设下防线，也可以将其作为行动和应对的判断标准，比如“如果愤怒值超过了7度，就要及时向对方表达”。

方法和要点

- **生气的时候，在心里设置一个愤怒值。**

■ 愤怒的刻度值

1 ~ 3	轻度愤怒
4 ~ 6	中度愤怒
7 ~ 9	强烈愤怒
10	人生中最大的愤怒（一生是否只会有一次？）

写愤怒日记时，可以试着将遇到的事情标上愤怒值。

父母和孩子一起试试吧！

给愤怒标记刻度，是一种客观地看待自身愤怒的方法，妈妈们在家里也可以试着用语言传达给孩子。比如告诉孩子“如果不关厕所的灯，那么愤怒值是2度”“如果不洗手吃零食，愤怒值是7度”。通过这样的方式，孩子也能更容易地了解到妈妈因为什么生气了，或有多生气。

相反，孩子生气的时候，妈妈们也要问问孩子的愤怒值，明白对于孩子来说什么是不可原谅的，也能帮助妈妈理解孩子。

“6秒魔术”之七：

把焦虑画下来

那些无法用语言表达的焦虑就画下来吧

妈妈试着给自己的愤怒赋予刻度就会发现，愤怒的内容和程度每次都不一样。各种各样的负面情绪、内心深处的希冀和愿望等交织在一起，成为一种多样而宽泛的情感。

因此，有时会出现复杂的焦虑难以用语言表达的情况。请妈妈们试着将这种焦虑通过绘画的方式表达吧。妈妈们通过这种方式可以将自己内心的焦虑视觉化，从而更真实地感受和理解自己的焦虑。

将焦虑画下来的话，会更容易把握其形象

妈妈在画图之前，请具体地想象一下焦虑的颜色、形状、大小和触感吧。比如“外表故作冷静，实则内心犹如火焰乱舞”“生气时，一般会伴随着悲伤之情”等，如果妈妈理解了自

己的焦虑，就能在一定程度上恢复平静。另外，把画好的纸揉成一团扔进垃圾桶，可以帮助妈妈将焦虑情绪带出体外，让妈妈有一种“扔掉焦虑情绪”的感觉。

在愤怒情绪管理的儿童教练培训讲座中，我也会请大人画出愤怒的形象。有人用灰色的蜡笔不停地画圈圈，表现出“躁乱的愤怒”；有人用红色的蜡笔画出一些刺球，表现出“尖锐而带有攻击性的愤怒”。看图就会发现，每个人对愤怒的印象都不一样。

这个方法，对于语言还没有发育成熟、无法很好地表达焦虑的孩子来说，是很容易上手的。

方法和要点

1. 具体地想象焦虑的颜色、形状、温度、大小、手感等。
2. 把想象中的焦虑用蜡笔在纸上画下来。
3. 试着观察自己画出来的焦虑，看看能从中感受到什么。
4. 把画好的纸揉成一团扔进垃圾桶就可以了。

父母和孩子一起试试吧！

当孩子感到焦虑时，妈妈可以准备好绘本和蜡笔，让孩子把焦虑情绪画成图画。也请妈妈说一些能帮助孩子发挥具体想象的话，比如“焦虑是什么颜色的？”“是什么形状？锯齿状？圈圈状？还是一团乱麻？”“是小的吗？还是像球那么大？”，等等。

一边在脑海中想象一边动手画，这个过程本身也能让情绪冷静下来。画完后，妈妈和孩子可以一边说“拜拜”，一边把画扔进垃圾桶里，或者折成纸飞机丢出去。

“6秒魔术”之八：

离开现场

离开现场，消除愤怒

人通过视觉、听觉、触觉等感官获取信息，其中视觉器官获取的信息约占九成。

妈妈们是否遇到过这样的情况：孩子哭喊着发脾气，不管怎么提醒他，他的态度都没有改变，导致妈妈的怒火越来越大。这时候，妈妈不是把孩子带到户外，也不是把孩子关在别的房间里，而是“自己”离开现场，就能恢复冷静。这样做，可以屏蔽孩子哭泣的表情和发脾气的态度等引发愤怒的视觉信息。

离开孩子之前一定要打招呼

如果任由孩子发脾气，妈妈会把焦虑发泄在眼前的孩子身上，此刻请妈妈试着离开现场。与生气的对象保持距离，会让自己冷静下来。

例如，待在厕所里，或打扫浴室，或去阳台上给植物浇水，妈妈通过这样的方式能轻松地转换心情。

但是，在离开之前，请妈妈对孩子说一声“我要去……”。如果生气的妈妈一句话都不说就离开，会给孩子带来不安和害怕，甚至恐慌。当孩子受到惊吓而追在妈妈后面，也有可能会导致意外受伤或事故。

妈妈离开现场是为了冷静下来，而不是为了把孩子晾在一边，让他感到不安和害怕，也不是为了惩罚他。

如果妈妈和孩子彼此保持距离，不仅能让彼此情绪平静下来，还能让双方冷静地思考“自己想怎么做”“应该说什么才好”。

方法和要点

1. **生气时，对孩子说一声“我要去……”之后再离开现场。**
2. **与生气对象保持距离，会让自己冷静下来。**

妈妈离开现场的时候，做一些活动身体之类能让自己放松下来的事情。“嘶～哈～”深呼吸方法（P88）和愤怒的“刻度标记”方法（P98）都很有效。公园或者超市等户外场所伴随着危险，因此请妈妈选择能够确保孩子安全的场所吧。

父母和孩子一起试试吧！

即使妈妈提前说了“我要去……”，但当妈妈的离开使孩子感到不安或哭起来时，也请妈妈试着带着孩子一起离开现场。从室内到庭院或阳台接触室外空气，妈妈和孩子的心情都会平静下来。

如果妈妈时间充裕的话，和孩子在附近散散步，顺便买买东西也能缓解焦虑。另外，妈妈置身于他人视线所及的环境中，也可以防止感情用事。

“6秒魔术”之九：

采访“成功的我”

从过去的“成功的我”身上获得力量

这是通过重新体验过去的成功经历，从而让妈妈的心情变得积极的“6秒魔术”。不愉快的事情，仅仅回想起来都会让人感到焦虑不安，但如果妈妈们把目光转向过去的“成功经历”，就能唤醒当时的积极心情，从而有效地缓解当下的焦虑。

妈妈教会孩子第一次翻上单杠的瞬间，或者做的菜被家人称赞“好吃”的瞬间等，妈妈回想起那些成功的事和愉快的经历，就是把自己置身于成功的瞬间。请妈妈们从过去“成功的我”那里获取积极的情感和思考方式吧。

“成功的我”的具体印象

例如，妈妈对因不会跳绳而闷闷不乐的孩子感到焦虑时，就想起以前成功教会孩子单杠时的“自己”。请妈妈们试着在心中采访一下过去“成功的我”吧，比如“我当时是什么心情”“我当时想的是什么”，等等。

当孩子第一次翻上单杠时，亲子拥抱在一起的喜悦瞬间，妈妈怀着高兴的心情说“你做到了”的激动话语，以及孩子一边看着手上的血泡，一边说着“我努力了噢”的自豪表情——妈妈想起过去成功的瞬间，以及当时满足的心情，焦虑情绪就会平静下来。

而且，妈妈也能因此而拥有一个积极的意识，如“孩子现在努力学习的跳绳，也会和翻单杠一样棒”，妈妈就能做到一边鼓励孩子，一边教他跳绳。

方法和要点

1. **焦虑的时候回想一下过去“成功的我”。**
2. **对过去“成功的我”进行情感、思想、身体变化等方面的具体采访。**

不要回想“以前每天都去公园努力练习”等长时间的经历，而要回想“可以做到单杠前翻动作了”等瞬间经历。睡觉前回想一下，对减轻焦虑和压力很有效果。

父母和孩子一起试试吧!

孩子焦虑的时候，妈妈也可以试着采访孩子。“反正不行！”“我做不到！”对于这样自卑的孩子，妈妈要尽可能地帮助孩子回忆接近现状的过去，比如“之前做得很顺利吧！是怎样的来着”“那时你是什么心情”，等等，请说一些能让孩子回想起“成功的自己”的话语。

孩子通过回想起过去“成功的自己”，就可以恢复心情，积极努力地去完成要做的事情。

“6秒魔术”之十：
描绘理想的一天之“神奇日练习”

想象“理想的一天”，提高动力

在愤怒情绪管理日程的一开始，我会让大家想象“理想的一天”。

想象所有问题（焦虑的根源）都被解决的“理想的一天”，也就是设定自己想成为的样子和理想状态的“目标”。马拉松也是一样，如果我们不知道目标，就会迷失方向。我们只有确定了目标，才能明确我们该如何前进、朝着哪里前进，从而提高动力。

只要有了动力，我们就能为了实现目标而采取行动。而行动起来，焦虑的状况也会改变。即使是感到焦虑，我们也可以想象“理想的一天”，提前想象未来的自己，从而让心情平静下来。

那么，所有问题都得以解决的“理想的一天”，具体是怎样的一天呢？不要认定“反正是不可能的”，请妈妈们抛开一切限制，试着想象一下。

例如，我早上起床后走到阳台上，天空湛蓝，呼吸着清新的空气，心情也很舒畅。房间里飘着刚煮好的咖啡和烤面包的香味，丈夫和孩子开心地笑着。孩子对我说："妈妈最近看起来很开心啊。"丈夫问道："发生什么好事了？"我悠闲地度过早晨的时间，完全没有压力。

如果"理想的一天"满分是10分，那么现在就可以打4分。而半年前我和朋友们一起去野营的时候可以打8分，非常接近"理想的一天"……像这样，情景就会真实地浮现在眼前。如果妈妈们知道"确实有接近10分的日子"，就会认为达到理想并不困难，从而更容易采取行动。

方法和要点

- 想象焦虑的问题全部被解决的理想的一天。
- 那一天是什么时候？（例如，一个月后、半年后、一年后等。）
- 早上起来是什么心情？
- 妈妈的行动表现出什么样的变化？
- 最先注意到妈妈变化的人是谁？他是怎么说的？
- 还有谁注意到了妈妈的变化？
- 如果理想的一天是满分10分的话，现在可以打几分？

- 回顾这一年，最接近10分的一天是怎样的一天？那天和谁在一起？做了什么？

> 感到焦虑时，想象一下“理想的一天”，让自己平静下来。在安静的环境里专注于这个问题，在纸上写下来也行。对于“理想的一天”，重要的是抛开任何限制和约束去想象。

父母和孩子一起试试吧！

当孩子感到焦虑、烦恼、沮丧的时候，请妈妈试着就“理想的一天”问问孩子：“如果坐上时光机去到理想的未来，你想怎么样？”孩子会为自己期望的未来设定目标，从而变得能够积极地应对焦虑。

如果孩子说出“我希望小A听我的话”等有关他人言行的内容，妈妈就要问：“那你自己能做什么呢？”

总之，重点是让孩子关注自己能做的事情。

“6秒魔术”之十一：
翻看“成功日志”

着眼于“做到了”，就不容易产生焦虑

“为什么我会这么生气”“我什么都做不好”，你是否有过这样自责、自卑、丧失自信的时候呢？当我们焦虑的时候，很容易妄自菲薄。这样一来，悲伤、难过、痛苦等负面情绪就容易积压于心。

为了不让导致焦虑的负面情绪积攒，请妈妈们在“成功日志”上写下一些“已经做到了”的小事。“做到了”是一种成功体验。无论多么琐碎的“做到了”，写下来后，会给容易焦虑的自己带来自信，让烦躁的心情变得轻松。

妈妈积累了很多成功经验

妈妈和孩子每天完成的事情比妈妈们想象的还要多。“为了不让孩子迟到而送他上学”“参加家长会”“吃饭没剩饭”等，即使我们觉得这些事情理所当然，也都是每天细小的成功经验。孩子刚出生的时候，不管是给孩子换尿布还是洗澡，你应该对很多事情都感到困惑吧？而现在的你，比当时能做的事情更多了，确实是在不断成长。

妈妈在焦虑或失去信心的时候，通过翻看“成功日志”，就会发现自己积累了许多成功的经验，自我肯定感就会提高，从而能认可自己。妈妈有了自信，也就能给予孩子认可。一直很努力的妈妈们，在你们失落、气馁的时候，一定要试试这个魔术。

方法和要点

- **把自己做到的事情或者进展顺利的事情写在笔记本或纸上。**

■ “成功日志”的例子

日期和时间	做到的事
6 月 10 日上午	送孩子上学，没有迟到。
6 月 26 日下午	调整工作安排，出席了家长会。

不管多小的事情都可以记录，即使是与焦虑的原因无关的事情也可以。当妈妈感到沮丧、自责的时候，才能感受到“魔术”的效果。

父母和孩子一起试试吧！

妈妈在焦虑的时候，容易对自己和孩子提出严格要求。如果平时妈妈就会用“成功日志”记录孩子的“做到了”，这样妈妈就会把目光转向好的地方，从而产生很多表扬孩子的契机。

受到表扬的孩子自我肯定感会提高，会积极地去挑战各种各样的事情。妈妈也可以在起居室的墙壁或书桌附近等孩子容易看到的地方贴上“成功日志”的贴纸。另外，请妈妈们也让孩子自己记录“成功日志”吧，孩子会养成对自己做出“OK”手势的习惯，也会变得更加认可自己。

“6秒魔术”之十二：
“拍拍身体”，传达冷静信号

向自己发出冷静的信号，让自己冷静下来

当妈妈焦虑或心情低落时，如果被人轻轻拍一下肩膀，是不是就会放松下来呢？妈妈焦虑的时候，可以尝试自己拍打自己的身体，发出信号，让自己平静下来，不让自己被愤怒驱使。

在哄孩子睡觉的时候，有的妈妈也会用手轻轻地拍打孩子的背部、腰部和腹部。以接近心跳的节奏轻轻拍打孩子，孩子就会像在妈妈的怀里一样，被安全感包围，容易放松地入睡。

这也是我要推荐的在焦虑时获得安全感的方法。

触摸身体的哪个部位能让自己平静下来

首先，请妈妈们试着做各种各样的尝试，看看触碰自己身体的哪个部位最能让心情平静下来。

例如，用惯用手轻轻拍打另一侧的肩膀，妈妈就能感觉到肩膀的力量得到放松；当握紧拳头时，可以轻轻拍打手背；当感到焦虑不安、双腿发抖时，可以轻轻地拍拍大腿，传递冷静的信号，让心情放松。

向身体发出冷静信号并不一定要用轻轻拍打的方式，有些人也可以通过轻柔地抚摸身体、按压人中、轻拉耳垂等方式平静下来。

当妈妈焦虑的时候，身体也会处于非常紧张的状态。请妈妈们通过向身体发出某种信号的方式，切身体会一下激动的心情平静下来的感觉吧。

方法和要点

- **将手掌贴于自己的身体，缓慢而轻柔地拍打，传达冷静的信号。**

父母和孩子一起试试吧！

当孩子情绪激动的时候，妈妈也可以向孩子的身体发出冷静信号。如果是学龄前的孩子，妈妈可以面对面拥抱孩子，搂住孩子的后背，用手轻轻拍打孩子的屁股。这样的动作可以帮助消除孩子的激动情绪，让孩子的身体放松，焦虑的心情也会平复下来。妈妈如果不能把孩子抱着或背着的时候，请站在孩子的旁边轻轻拍打他的后背和肩膀。

如果孩子不喜欢被拍打的感觉，妈妈可以等他的情绪稍微平静后再尝试，慢慢地抚摸他的后背和肩膀，或者握住他的手也可以。

对于大一点的孩子，能够自己做到这些动作，妈妈可以让他看看拍打身体的哪个部位会让自己感到放松。对孩子说“心烦意乱的时候，就拍拍这里”，向孩子明确表达这样的应对方式，孩子就能获得安全感。

“6秒魔术”之十三：
嘴角上扬，心情愉快

心情和表情、态度是相关联的

我们感受到的“悲伤”“喜悦”“焦虑”等心情，会体现在我们的姿势、表情、态度上。当我们心情郁闷的时候，就会低着头，眉头紧锁；当我们心情愉快的时候，就会挺直腰杆，表情充满活力。

然而，当我们愁眉苦脸的时候，即使没有发生特别不愉快的事情，交感神经也会占据主导地位，从而使我们变得焦虑不安。随着表情和态度的改变，自己的心情也会发生变化。“6秒魔术”就是利用了这一点。当我们感到焦虑的时候，有意识地做出微笑的表情，大脑会产生“快乐”“愉悦”的错觉，人就会变得积极。

嘴角上扬，妈妈和孩子都会减轻焦虑

抿着嘴，嘴角上扬——这种状态下是发不出声音的。所以请

妈妈们试着在生气要大吼的瞬间，嘴角上扬6秒。这样就可以转移注意力，也不会说多余的话。

微笑能促进被称为“幸福激素”的血清素（Serotonin）和被称为“干劲激素”的多巴胺（Dopamine）在大脑内分泌，使人心情积极向上。请妈妈们养成嘴角上扬的习惯，减轻焦虑，让低落的心情好转吧。

妈妈眼角上翘、嘴角下垂的表情可能会给孩子带来恐惧和紧张感，但微笑能给孩子带来安全感。

方法和要点

1. 焦虑的时候请上扬嘴角，开始微笑。
2. 保持这种状态持续6秒钟。

父母和孩子一起试试吧！

让焦虑的孩子上扬嘴角可能很难。这种时候，请妈妈们试试和孩子玩“鬼脸游戏”吧，把“一笑就输”的歌词改为“一生气就输”。

“不倒翁，不倒翁，做个鬼脸不许恼，生气就输了，一，二，三!”重点是，一边用生气的表情唱歌词，一边在最后的“一，二，三”那里尽情地让嘴角向上。由于表情的反差，妈妈和孩子都会忍不住大笑起来，心情也会放松下来。

“6秒魔术”之十四：

鼓励自己，不要灰心

如果对自己感到不满，就自我鼓励

“哎，我又生气了。”“为什么我会这样？”你是否像这样自责过呢？不小心忘带东西，做了难吃的菜，或者对孩子说了不该说的话……当妈妈看到自己的不成熟时，会感到焦虑，也会感到失落。

妈妈一旦失去自信，就会越来越焦虑。这种时候，如果妈妈能对自己说一些鼓励的话语，就能让自己振作起来，不再被焦虑所左右。而且，通过给自己加油打气，妈妈也可以积极地克服困难。

鼓励自己，不要灰心

“我还在成长着”“危机即转机”“没有不破晓的黑夜”等；妈妈们要事先准备好能让自己充满活力的话语。妈妈们在事情进展不顺利，或是焦虑的矛头可能会指向自己的时候，要对自己说一些能让心情振奋的话，接纳自己，鼓励自己，这样妈妈就能以坚强的心情克服困难。

妈妈们越是心情不好的时候，越容易产生焦虑。如果妈妈们觉得对自己说鼓励的话语很不好意思，只在心里默念也是可以的。

请妈妈们用积极的心态去支持和鼓励自己，成为自己的啦啦队，为自己加油打气吧。这样一来，妈妈们就可以将焦虑转化为振奋人心的力量。

方法和要点

1. 事先准备好给自己加油打气的话语。
2. 焦虑的时候就在心里默念。

第85页默念“冷静咒语”的魔术适用于妈妈想让自己高涨的焦虑冷却下来的时候，而“鼓励自我”的魔术最适用于妈妈想鼓舞失落的自己时。

父母和孩子一起试试吧！

请妈妈们把振作心情的鼓励语也说给孩子听吧。

当孩子失败的时候，妈妈们不要说“你看吧，都跟你说过了”“又失败了”等否定性的话语，而要说“下次就能做到了噢”“失败是成功之母”之类鼓励性的话语。这样做不仅能让孩子积极面对焦虑，还能提高妈妈的自我形象。

沐浴着鼓励话语长大的孩子，不会隐瞒自己的失败和错误，而是会怀着一种积极挑战的精神不断克服困难。

另外，让孩子将喜欢的动漫角色的经典台词作为鼓励语也可以，比如“精神百倍”等。在角色形象的加持下，鼓励语更能强烈地打动人心。请妈妈们和孩子一起想一想振作心情的鼓励语吧。

“6秒魔术”之十五：
吹吹气球，告别焦虑

把焦虑吹进气球，让心情放松

吹气球需要我们吐出很长的气息，因此吹气球也是一种可以调整紊乱呼吸的练习。请妈妈们想象一下，当把焦虑心情吹进气球里时，心情应该也会变得更加舒畅吧。

不可思议的是，当我们把吹好的气球砰砰地拍来拍去，看着气球在空中飞舞的样子时，心情都会变得轻松起来。很多孩子都会被这五彩缤纷、圆头圆脑、自由跳蹿的气球迷住。当妈妈想要缓和亲子间的紧张气氛时，气球是一种不错的选择。

除了语言，也可以用其他方式表达焦虑

让孩子们学会用恰当的语言表达内心感受是很重要的。但是，也有无法用语言表达的复杂心情。即使是大人，也会有无法用语言表达焦虑或不想表达的时候。

不管是大人还是孩子，有的人原本就不善言表，或者因语言表达会让人想起不愉快的事情而感到痛苦，或者倾诉心情这件事本身就会成为负担和压力。

这样的情况下，通过游戏或艺术的方式来表达心情，就能将内心的焦虑显示出来。和前文中的“把焦虑画下来”一样，可以把焦虑转化为气球这种看得见的形状，以此去真实地感受、理解自己的心情。如果我们能根据具体形象去客观地看待自己的焦虑，就能妥善处理焦虑。

方法和要点

1. 把气球吹到自己喜欢的大小，就像把焦虑情绪也吹进去一样。
2. 在气球上用“6秒魔术”画出“焦虑”的表情。
3. 把气球在空中砰砰地拍来拍去，玩抛接球的游戏。
4. 游戏结束后，用剪刀在气球结附近扎个洞，一边看着气球漏气，一边放下焦虑的心情。

把写有“焦虑拜拜”的字条放入气球里面也是一种不错的方法。

父母和孩子一起试试吧！

亲子间通过玩气球，可以将无形的空气视觉化，就如同那无形的焦虑也被可视化了一样。不只是焦虑，当妈妈有不安、悲伤等负面情绪的时候，也可以吹一个气球，然后在上面画出负面情绪的表情。通过玩气球游戏，妈妈的心情会变得犹如在空中飞舞般轻松，孩子的笑脸也会灿烂如初。

妈妈也可以在客厅等孩子经常玩耍的地方放上几个气球，这样每次在情绪焦虑的时候，就能随时让孩子玩玩气球游戏，缓和情绪。

“6秒魔术”之十六：
制作“焦虑怪兽”，真实感受愤怒

刺激感官，冷静下来

黏土是让焦虑可视化的好工具。妈妈内心的“焦虑怪兽”，有着什么样的形状和颜色？脸长什么样？有着什么样的性格？焦虑时它会有何行动？请妈妈发挥想象，用黏土捏出它的形状吧。通过立体的塑造，妈妈可以真实地感受到自己的焦虑，并意识到焦虑的特征。

另外，黏土工艺有掐碎、扭转、揉圆等多种动作，一般需要用到我们的指尖和整个手掌，会刺激到我们的多个感官。一边感受黏土的触感，一边动手专注于制作，也有将意识从焦虑中转移开的效果。当妈妈制作完“焦虑怪兽”时，心情也许会完全平静下来。

制作怪兽，真实感受焦虑

妈妈们在制作“焦虑怪兽”的时候，请不要以“做得很好”这样的优秀作品为目标。请妈妈们遵从自己的内心感受来制作“焦虑怪兽”。

妈妈们虽然不怎么玩黏土游戏了，但在试着制作“焦虑怪兽”时，却会真实地感受到自己内心的焦虑，如“外表故作平静，内心的愤怒却如岩浆涌动”“内心充满了担心和不安，就像有怪物在身体里一样”。妈妈们通过立体地展现出无形的情感，便可以更好地认识到自己的情感。

最重要的是，使焦虑情绪在艺术和游戏中升华的方法有一个好处，那就是妈妈和孩子都能乐在其中。

方法和要点

1. 准备材料（白色软黏土、水彩颜料）。
2. 想象自己心中的“焦虑怪兽”。
3. 在软黏土中加入水彩颜料，把黏土做成想象中的颜色。
4. 制作出“焦虑怪兽”。

父母和孩子一起试试吧！

当孩子做好“焦虑怪兽”之后，请妈妈问一问孩子“怪兽的名字是什么？”“焦虑怪兽发怒时会怎么样？”“为了不让怪兽发狂，你可以做些什么？”等问题。妈妈可以让孩子一边发挥想象力一边说。

“他的名字叫‘小怒’，平时身体是黄色的，一生气就会变成红色，嘴里还会喷出大大的火焰，烧掉周围的东西。但小怒怕水，所以洗手、喝水、洗澡的时候就会变回黄色。”从孩子的话中，可以看出他把内心的焦虑情绪很具体地捕捉到了。

通过制作“焦虑怪兽”，孩子也许就能放下自己内心的焦虑。

骨番的

愤怒情绪管理

尝试了
“6秒魔术”
很有效果的是……
减法!!
最开始——
从10开始做减3运算，就会冷静了噢。
不要!!
我才不做呢!!
这种语气……
应该哄好了吧，试试看吧。
嗯哼？然后呢？
嗯……10、7、4……
不焦虑了!!
成功一次后……
100、97、94……
自己也要实践『6秒魔术』!!
现在甚至在用九九乘法表平复心情。
2×3が？
6
4×7？
……28
也学习了算术，一石二鸟。

第5章 每天努力练习，用“开阔心胸的魔术”做一个不易焦虑的妈妈

本章要介绍的是“开阔心胸的魔术”，妈妈只要每天努力一点，就能掌握不易焦虑的思考方式和行动。

长期、反复地实践，让亲子关系变得轻松快乐吧。

“开阔心胸的魔术”之一：
记录焦虑的“愤怒日志”

“因为什么而生气”是容易被忘记的

与焦虑融洽相处的训练方法有很多，其中最基本的是，记录焦虑情绪的“愤怒日志”。

我们虽然记得自己生气的经历，但多数情况下，我们会忘记自己“因为什么而生气”。因为不记得，所以每当遇到同样的状况，我们就会重复同样的焦虑，从而感到愤怒。

通过把焦虑的内容写出来，我们就能客观地看待自己的愤怒。比如，自己在什么样的情况下容易感到焦虑，或者对孩子的什么事情感到焦虑，自己的情绪倾向和模式就会由此显现出来。

通过回顾可以预防焦虑

“愤怒日志”是一种把焦虑写下来的方法。这些记录可以在日后重新回顾。

妈妈们在外面几乎从不生气，但在家里每天都在生气，经常会在晚饭前感到焦虑，比如对孩子吃饭的礼仪感到焦虑……妈妈如果知道自己的焦虑倾向，就可以考虑相应的对策，比如，怎么让自己平静下来，或者怎样思考和行动才能避免焦虑等。

“愤怒日志”可以用记事本、智能手机、平板电脑等来记录，只要可以记录，用什么方法都行。另外，也可以选择在一年内每天记录愤怒情绪的“愤怒情绪管理手账”、手机应用程序“愤怒日志”等工具。

方法和要点

- **每次生气后，都将愤怒的事情记录下来。**

要记录的事情是……

① 感到焦虑的日期、场所。
② 令人焦虑的事情。
③ 当时的想法和心情。
④ 愤怒的强度（十分制）。

■ “愤怒日志”的例子

日期、场所	7月3日，客厅。
事情	明明是晚饭时间，孩子却不收拾玩具，反而盯着电视看。
想法	为什么不关电视呢？要把玩具收拾一下呀！
愤怒强度	5

重点是不要分析，凭第一感觉直接写下来。

父母和孩子一起试试吧！

妈妈学会写“愤怒日志”后，请为孩子也准备一个他喜欢的笔记本，给孩子也做一个“愤怒日志”吧。孩子把焦虑的事情写在笔记本上，可以防止被愤怒左右。

而且，因为记录是一个将自己模糊的想法和心情语言化的过程，所以通过这种方式，妈妈和孩子就可以理解自己的心情，从而能够更好地调整心情。亲子间也可以时不时地互相看一下彼此的“愤怒日志”，顺便谈谈自己对什么事情感到焦虑。

“开阔心胸的魔术”之二：了解焦虑根源的“应该日志”

被“应该这样”所束缚？

妈妈们写完“愤怒日志”之后，也试着写一写“应该日志”。前文已经说明了焦虑的根源是我们各自相信的“应该”（P61）。写下自己心中的“应该”，弄清让自己焦虑的根源。

区分有些“应该”是否必要

请妈妈们重新审视自己的“愤怒日志”，并试着写下自己的“应该”吧。此外，请妈妈们把“愤怒日志”中没有记录的日常生活中的“应该”也列出来。

例如，妈妈如果在“愤怒日志”中记录了“孩子到了吃晚饭时间还看电视，也不收拾房间，让我很焦虑”，就可以在“应该日志”里写上“晚饭时间孩子应该关掉电视坐在餐桌前”“孩子应该在吃饭前收拾好玩具”等。

接下来，请妈妈们把写下来的“应该”分成三个重要等级来评价。妈妈如果发现了重要等级高且经常为之焦虑的“应该”，就试着思考一下对策，比如将其告诉孩子，或是制定规矩等。

妈妈们有“应该”并不是坏事，大家都有各自认为必要的“应该”。但是，妈妈要是因拘泥于“应该”而被焦虑所左右，或者写出来的“应该”有些许违和感，那么，这种“应该”可能是没有必要的、可以舍弃的，也可能是需要调整的。妈妈们如果能意识到这一点，并重新审视自己的“应该”，就能扩大自己的容忍范围，从而减少焦虑。

方法和要点

❶ 从“愤怒日志”中得出自己的“应该”，并将其写下来。

❷ 除了❶，还要写下经常令自己感到焦虑的“应该”。

❸ 思考各种“应该”的重要等级。

■ “应该日志”的例子

妈妈的“应该”	重要等级
孩子的游戏时间应该在 1 小时以内。	低 · 中 · (高)
不应该剩饭。	(低) · 中 · 高
脱下来的衣服应该放进洗衣篮里。	低 · (中) · 高
孩子的“应该”	**重要等级**
桌子的抽屉不应该随便打开。	低 · (中) · 高
不应该和哥哥攀比。	低 · 中 · (高)
妈妈不应该说“别看视频了”。	(低) · 中 · 高

因为这是直面和正视价值观的事情，所以有时间的话要认真地对待。那些让自己感到痛苦的“应该”，就试着用“3个箱子”战术（P150）来改写吧。

父母和孩子一起试试吧！

有空的时候，请妈妈和孩子一起讨论有哪些“应该”。妈妈要回想一下孩子经常生气的情况，并和他一起思考焦虑的根源是什么。另外，通过将重要等级分为三个层次来进行选择，可以让亲子双方都明白对彼此来说最重要的“应该”是什么，从而能够理解：如果不按照“应该”来做，对方就会产生强烈的焦虑感。

“开阔心胸的魔术”之三：
探寻美好的“快乐日志”

善于发现美好

努力也得不到回报，尽是不如意的事，没有任何快乐——当妈妈们有这种感觉的时候，试着做一份“快乐日志”吧，把让自己感到高兴、快乐的事情记录下来，哪怕是很小的事情也可以。

我们并不是每天都会遇到令人生气的事情。妈妈对院子里盛开的鲜花感到喜悦，看到孩子懂得帮忙也感到高兴，其实这里面都洋溢着小小的幸福。“快乐日志”就是一种训练，能帮助妈妈们发现这些日常生活中细微的乐趣和喜悦，塑造一颗不容易焦虑的心。

关于开心、快乐的事情，妈妈需要把发生的时间、地点、快乐程度等写在纸上。通过记录，妈妈可以更加敏锐地感知到积极的情绪。

回顾“快乐日志”，妈妈们就能清楚地知道自己对什么事情感到高兴和快乐。有的妈妈只写食物，有的妈妈只写喜欢的艺人，也有妈妈发现，当自己做瑜伽、散步等活动身体的事情时会感到强烈的快乐。妈妈们如果知道自己对什么感到快乐，就可以采取“最近很焦虑，去做瑜伽吧”之类让自己感到快乐的行动来安抚自己的情绪。

另外，当妈妈们感到焦虑却又觉得写“愤怒日志”很痛苦的时候，或是觉得“最近没什么好事”的时候，“快乐日志”就会特别有效。通过记录快乐，妈妈们就能把目光转向让自己愉悦的事情。

方法和要点

- **把感到高兴、快乐的事情写在笔记本或者手机记事本上。**

要记录的事情是……

①感到喜悦、快乐的日期、场所。

②感到快乐的事情。

③想法和心情。

④快乐的强度（十分制）。

■ “快乐日志”的例子

日期、场所	8月18日，阳台。
事情	摘了好多阳台上种的西红柿。
想法	好开心！去吃点心吧！
快乐的强度	4

事先知道自己会在什么时候感到快乐，预防焦虑。

父母和孩子一起试试吧！

请妈妈们让孩子也把开心、快乐的事记录在笔记本上吧。这可以成为了解孩子的线索，在孩子焦虑的时候，妈妈便可以由此提出转换心情、让孩子冷静下来的方法。

在孩子的“快乐日志”中，可能会有妈妈忽略的事情，或者是“发现了蜘蛛网”之类孩子很开心却让妈妈感到稍微不快的事情。了解到亲子之间的差异，也有助于妈妈理解孩子。

“开阔心胸的魔术”之四：
改变状况的“变化日志”

消除焦虑的行动是可以自己创造的

妈妈们虽然想着要改变焦虑的状况，但是每次都医遭遇同样的场面而感到焦虑……这是因为妈妈们没有采取切实可行的行动来改善焦虑情绪。

妈妈的愤怒情绪一旦喷涌而出，就会认为“都是孩子的错”“都怪发生了那样的事情”，常常会希望改变自己以外的“某个人”或“某件事”。但是，仅仅通过祈愿和期盼的方式并不能改变状况。原本，我们就有一种“维持现状倾向”，即不愿意接受（不愿意改变）未曾经历过的事物，所以我们很容易保持现状，不去改变。

对于想要改变现状，却迟迟不能付诸行动，或者不知道该采取什么行动的妈妈，推荐的方法是写“变化日志”（行动计划）。

首先，妈妈们需要具体写出自己想要得到的变化，以及为此所需要实施的步骤。在妈妈对经常丢三落四的孩子感到焦虑，希望孩子不再丢三落四的情况下，请妈妈们考虑尽可能多的具体行动，从难度低、容易挑战的事情着手，比如，“妈妈在第二天孩子收拾书包的时候和孩子一起确认有无遗漏”“把手帕这种每天要带的东西放在玄关的架子上”“在玄关的门上贴上写有‘检查有无遗漏物品’的纸条”……

即使是很小的行动，只要实行了，状况就会改变，焦虑的事情也会减少。最重要的是，妈妈们如果切实感受到了“自己的行动可以改变所产生焦虑的状况”，那么改变状况的行动就会变得容易实行。

方法和要点

❶ 在“变化日志”格式的左栏里写出想要发生的变化。

❷ 在右栏以小步骤的形式写出改变所需要做的行动。

■ “变化日志”的例子

	想要发生的变化（想要改变的状况）	为了改变状况的必要步骤
妈妈	孩子不上交学校下发的信件。 ➡ 父母即使不说，孩子也能主动上交信件。	· 在孩子的书桌上贴上写有“回家后上交信件”的便签。 · 回家后问孩子：“有信吗？” · 晚饭前跟孩子打声招呼：“把信给我吧。” · 在孩子的书桌上设置一个放信件的托盘。
孩子	在学校，旁边座位的同学总是随便使用我的橡皮。 ➡ 同学用自己的橡皮。	· 把家里多余的、还未使用的橡皮送给同学。 · 和老师谈一谈。 · 告诉他本人：“希望你不要随便用我的橡皮。” · 和同学的妈妈说一说现在的情况。

不要写对方，而要写“自己可以采取的行动”。另外，要从现状出发寻求改变，并付诸行动，所以要写可能实现的变化。

父母和孩子一起试试吧！

孩子开始写“变化日志”时，请妈妈和孩子一起思考。妈妈可以具体询问孩子觉得讨厌的事情，并引导孩子思考他想要制造的状况，如“怎么样才比较好”“怎样改变才会觉得安心”，并且一边把应该采取的行动写进“变化日志”，一边思考“我能为此做什么”，等等。

对于能够做到的事情，可以用记号笔画线、画圈、贴贴纸，孩子知道自己在做什么，也就更容易坚持下去。

“开阔心胸的魔术”之五：

打破焦虑的“爆发模式”

“要说多少遍你才明白！”

“要说多少遍你才明白！”“我每天都在提醒你，你却一点都没变！”妈妈们是否每天都在为重复同样的状况而焦虑、生气呢？这种时候，妈妈和孩子大多会陷入各自特定的行为模式。

我们的行动会在不知不觉中被模式化，从而陷入恶性循环。因为行动一旦被模式化，我们就不用一一思考自己的行动是否恰当，而从某种意义上讲，这对我们是很轻松的。请妈妈们通过有意识地打破这种模式化僵局，从恶性循环中摆脱出来吧。

只改变“一个”行动

妈妈们要想改变自己的所有行动是很困难的，所以当妈妈们发现自己的焦虑模式时，就试着只改变“一个”行动吧。

例如，孩子回家后喜欢把脱下来的夹克扔在地板上，妈妈每次都发火说：“把它挂起来！”但如果孩子还是没有改正的话，妈妈就试着在某一天改变措辞，如“这里有衣架哦”。妈妈可以在玄关处放个衣架，让孩子回家后马上就能把衣服挂起来。或者只改变一个能想到的行动——在客厅安置一个放夹克的篮子。妈妈之所以只需改变一个行动，是因为如果一下子有很多改变，就很难知道哪个方法是有效的。

妈妈们改变自己的行动，就可以打破以往的模式，孩子的反应也会随之改变，从而产生良性循环。妈妈们如果掌握了这种打破焦虑模式的技巧，就能塑造出一颗应对变化的柔和而坚韧的心。

方法和要点

1. **找出让自己反复焦虑的模式。**
2. **只做一件和平时不一样的事情。**

试着从“愤怒日志”（P134）里多次出现的焦虑情况中找出自己的焦虑模式。

父母和孩子一起试试吧！

在孩子心情放松的时候，妈妈们可以和孩子一边对话，一边寻找“容易焦虑的模式”。在弄清楚孩子早上起床困难，或者玩游戏时和朋友发生吵架等具体的原因后，试着问问孩子：“下次焦虑的时候，如果要做一件和平时不一样的事情去打破焦虑的状态，你可以做什么呢？”

比如，孩子和朋友轮流玩游戏的时候发生吵闹，孩子总会说：“快点，换我玩了！”但这次孩子却说：“到我玩的时间了哦。”像这样，让孩子自己决定只改变一件事的行动吧。

关键点在于要让孩子自己做决定。如果是自己决定的事情，孩子也容易执行。

“开阔心胸的魔术”之六：
改变想法大作战之“3个箱子”战术

以第三者的视角，重新审视自己的“应该”

“应该”没有对错之分。话虽如此，对妈妈来说理所应当的“应该”，有可能是无法让孩子和周围的人感到幸福的“应该”。

“改变想法大作战”，就是让妈妈们先整理让自己感到焦虑的事情以及导致焦虑的“应该”，在此基础上，将它们替换成对自己和周围的人都有益处的“应该”。妈妈能否从第三者的角度来面对自己的想法是关键所在。

妈妈们在闲暇时静下心来认真实践，就会意识到自己先入为主的观点、断定和想法都有失偏颇。

改写“应该”，让思考方式更灵活

我们看待身边的事物，就像戴着一副装有“应该”镜片的眼镜一样。然而，通过脏镜片和干净镜片看到的景色是不同的。请妈妈们将改写“应该”看作一个擦拭眼镜镜片，使其变得清晰的过程。

妈妈们在改写“应该”的时候，可以像下面这样对自己提出质问，这样就能灵活地思考问题。比如：“这对我来说真的是重要的‘应该’吗？”“这是孩子真正需要的‘应该’吗？我的理想是不是太高了？”“如果我站在不同的立场，会怎么想？”“面对不同的人和情况，我也会这么想吗？”“如果孩子这么做有他的缘由，我会怎么想？”“如果把这当成机会的话会怎么样？”“这是我自己的主观臆断吗？”……请妈妈们通过与自己辩论的方式来推翻自己以为的“应该”吧。

方法和要点

1. 写下让自己感到焦虑的事情［从“愤怒日志”（P134）中寻找］。
2. 写下导致焦虑的“应该”［使用“应该日志”（P137）］。
3. 思考如何改写“应该”才能减少焦虑。

■ 改变想法大作战之“3个箱子”战术（妈妈的例子）

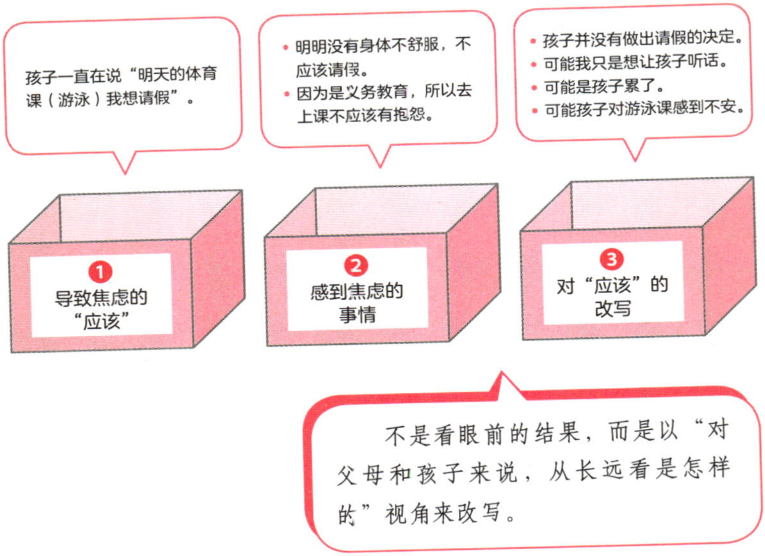

父母和孩子一起试试吧！

“为了不焦虑，变得开心，你有怎样的想法呢？”请妈妈们用这样的提问方式，巧妙地引导孩子。

例如，如果孩子在箱子❶中写道：“在接力赛中排名倒数第一的时候，下一组跑的朋友对我说‘要再努力一点哦’，这让我很生气。”

那么孩子就在箱子❷中写出导致焦虑的想法。（例如：我明明很努力了，他们不应该对我说“要再努力一点”。）

而在箱子❸中要写出令人开心的想法。（例如：可能他们是期待我跑得更快一点，所以想鼓励我。）这样一来，孩子就能在箱子❸中写出对自己和他人相对积极的想法。

“开阔心胸的魔术”之七：书写“自己的故事”

写下以自己为主人公的未来设想

妈妈们每天过着应接不暇的生活，当遇到让人泄气、想说“我坚持不下去”的难题，或是被卷入麻烦和难以应付的事情之中时，焦虑就容易涌现。这时候，请妈妈们试着写一个“自己是主人公”的故事，确定理想中的自己，并朝此目标前进。

正因为故事一波三折，才会令人觉得有趣、感动。而且，通过克服困难，主人公也会成长。写一个自己是主人公的故事，不管遇到什么困难，妈妈们都会认为“这只不过是通向圆满结局的一个环节”，或者认为只要克服困难，内心就能得到成长。

“能做到”是构思故事的基本

从理想的未来反观现在，我们就会发现痛苦和悲伤的事情也能成为成功故事中不可或缺的要素。妈妈们如果陷入了快要产生焦虑的窘境，那么就以此窘境为起点，思考一下以自己为主人公的故事，朝着“理想的未来”前进吧。

写故事有几个诀窍。首先，要具体地描绘理想中的自己。然后，为了在故事的最后达到理想的状态，要具体地想好一个递升式抵达理想状态的圆满结局。

尤其重要的是，妈妈在写故事时不要使用“要是能做到就好了”“也许做不到”等表达方式。妈妈们要抱着“理所当然做得到”的想法，以及“我能做到”的斩钉截铁的态度去书写故事。这样一来，实际行动时就会变得容易。

方法和要点

❶ 确定理想的自己和未来的自己。

❷ 书写一个追求理想的以自己为主人公的故事（人生中遇到了怎样的困难，自己是如何克服的）。

■ 以职业足球选手为目标，对孩子的未来展望

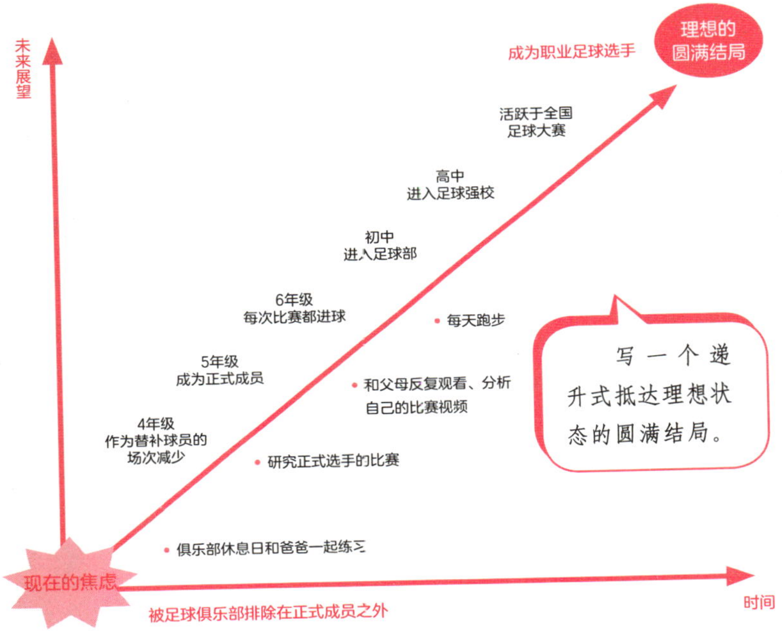

父母和孩子一起试试吧！

例如，当孩子因为被排除在足球俱乐部正式成员之外而焦虑的时候，或者因为考试成绩不理想而心情低落的时候，请妈妈们试着和孩子一起书写属于孩子自己的故事。

妈妈们也可以对孩子说："故事并不总是顺利的吧？如果想成为职业足球选手的话，应该克服怎样的困难呢？如果克服了这些困难，又会是怎样的故事呢？"让孩子想象理想的未来和自己的形象，写出自己的故事。通过这种方式，孩子也能以自主的、积极的心态克服困难。

“开阔心胸的魔术”之八：
24小时“温和妈妈”挑战

强制自己扮演“温和妈妈”

对于“温和的人”和“暴躁的人”，判断的标准是什么呢?

例如，一个人在急躁、焦虑等精神负担过重的情况下，我们会根据这个人的表情、举止判断出来。

即使一个人真的很焦虑，但只要看起来很温和，就会给周围的人带来安心。另外，人的行动会受到情绪的左右，但不同的行动同样也会影响情绪。

这里要介绍的魔术，是妈妈们通过一整天强制性地扮演“温和的人”来实际接近“温和的、不生气的妈妈”。

即使只是扮演，周围人的态度也会改变

请妈妈们把这个方法当作一场游戏，在24小时内，无论遇到多么焦虑的事情，都不要生气，试着成为一个温和的人。

听到"温和妈妈"这个词，你会想到什么形象呢？她有着温柔的眼神、嘴角自然上扬的温柔笑容。她说话很有礼貌、沉着，从不用强硬的语气喋喋不休。她的每个举止都一丝不苟，能营造出一种优雅氛围……

不管实际内心如何，妈妈们只要表现出"温和的样子"，周围的人就会明显地感受到"变了"。周围的人对你打招呼会变得容易，还会感到亲切，对你的印象和交往方式也会随之改变。妈妈们应该也能切实感受到自己的行动改变了周围的人。

妈妈们如果觉得24小时保持这种状态很困难，那就从几个小时开始挑战吧。

方法和要点

1. 向家人宣布"今天我要做'温和妈妈'"。
2. 无论多么生气，表面上都要表现得很温和。

如何做“温和妈妈”？

- 表情：嘴角上扬，露出笑容。
- 说话方式：降低声调，用平静的声音说话。
- 举止：每个动作都要柔和而细心。

建议在不忙的日子里特地尝试一下。只花早晨或者半天等几小时的时间尝试挑战也可以。

父母和孩子一起试试吧！

对孩子，请妈妈像玩游戏一样邀请他：“今天来挑战一整天不生气吧！”如果妈妈提前想好了达成挑战的奖励，亲子间就能愉快地开始进行挑战了。如果亲子间能做到一天不生气，那么就可以挑战三天、一周……鼓励大家像这样延长不生气的时间。

妈妈如果制订好规则，比如“如果想生气，就写在纸上”，亲子间就可以不用忍耐愤怒，从而愉快地进行挑战了。

“开阔心胸的魔术”之九：
扮演憧憬的人，学会“巧妙发怒”

持续扮演，接近理想的性格

有的妈妈因为自己性格易怒，所以焦虑是没办法的事。确实，改变自己的性格可能很难，但妈妈们通过模仿和扮演理想角色的语言、表情、动作、举止等，可以接近理想的性格。

24小时“温和妈妈”挑战（P158）是一个妈妈无论如何都不发怒、扮演温和的人的方法，而这节要介绍的方法是：扮演憧憬的人，思考那个人在焦虑的时候会怎么做。

扮演憧憬中的人，巧妙地表达焦虑

那些妈妈们憧憬的女演员、电视剧中的人物、敬仰的人，他们在遇到不愉快的事情时，是如何克服的呢？妈妈们在感到焦虑的时候，可以试着模仿自己所憧憬的那个英雄（女主角）的措辞和态度。

在朋友、熟人等大人面前扮演，妈妈可能会有些抵触。但是，如果对方是自己的孩子，就能愉快地扮演了吧。

顺便一提，我会扮演电影《音乐之声》中的玛利亚。玛利亚性格开朗，还会用幽默应对孩子们的恶作剧，即使她被特拉普上校激怒也会庇护孩子们，她直言不讳的诚实和爱心，正是我的榜样。因此，当我对孩子生气，或者有人生气的时候，我会想象“如果是玛利亚会怎么做”，通过扮演玛利亚来巧妙地表现自己的焦虑。

方法和要点

❶ 妈妈和孩子各自决定自己要扮演的电影、动画片、绘本中出现的理想角色。

❷ 如果是那个人的话，在焦虑时会有何举动，会用什么样的言语发火？带着这样的问题去扮演理想的角色。

理想中的角色无论是电影、电视剧、小说中出现的人物，还是身边敬仰的人等，都可以。

父母和孩子一起试试吧！

请妈妈们试着帮孩子设定喜欢的角色吧，比如孩子如数家珍的绘本或动画故事中出现的角色。很多孩子都喜欢玩“模仿游戏”，好似那些“完全进入角色”的名角儿。因为扮演的是自己理想中的某个人，模仿台词和动作也会像模像样。

一旦进入角色，即使是遇到以前总会让人焦虑的情况，也能用不同的语言巧妙地发泄，或者更加冷静地采取行动。妈妈和孩子通过扮演角色让心情变好，何止可以平复焦虑，还可以变得笑口常开。通过这种方式，亲子间能够传达平时说不出口的话，所以请妈妈们一定要和孩子享受其中。

“开阔心胸的魔术”之十：
不积攒负面情绪的“压力·不安日志”

压力和不安可以从两个方面整理

每天都忙忙碌碌的妈妈们，很难远离压力和不安等负面情绪。负面情绪一旦累积，妈妈们就容易焦虑。

压力和不安分为“可以改变的”和“无法改变的”两大类。妈妈们感到有压力和不安时，请试着从“自己的力量能否改变现状”以及“自己人生中的优先顺序是高还是低”这两个方面来整理。当妈妈明白了自己应该采取的行动，就能妥当地应对压力和不安，创造不容易焦虑的状况。

接受“无法改变的东西”，制订现实对策

例如，“妈妈在家工作时，孩子很吵，无法集中精力工作，压力很大”“担心孩子在学校会不会感染病毒”等。“在家工作”或“感染病毒”的状况，仅凭妈妈自己的力量是无法改变

的。叹息无法改变之事，并不能减轻压力和不安。

妈妈们感到有压力和不安的对象如果是“无法改变的”，那就在接受现状的基础上寻找其他可以做的事情吧。

如果是在家里工作，妈妈们可以想想是否能创造出可以稍微集中精力工作的环境，比如，在储藏室里腾出自己的工作空间，早起两个小时，在孩子还在睡觉的时候处理重要的事情。

对于传染病的流行，妈妈可以采取让孩子避开人群、鼓励孩子洗手以及让孩子戴口罩上学的现实对策。妈妈只有脚踏实地去行动，才能减轻压力和不安。

方法和要点

❶ 从两个角度整理感到的压力和不安。

❷ 整理成4种情况后再决定应该采取的行动。

■ “压力·不安日志”的例子

	可以改变	无法改变
重要	**1．可以改变 / 重要** 例：孩子不分休息日和工作日，每天都带朋友来家里玩，让我压力很大。 ➡ 告诉孩子“一周最多带朋友来玩 3 次”。 ➡ 让孩子在公园玩。 例：孩子几乎不吃早餐，让我很担心。 ➡ 准备一口一个的手握饭团。 ➡ 准备孩子喜欢吃的菜。	**3．无法改变 / 重要** 例：孩子很吵，我在家工作无法集中注意力，感到有压力。 ➡ 腾出自己的工作空间。 ➡ 早点起床，在安静的时间里完成工作。 例：担心孩子会不会得传染病。 ➡ 避开人群。 ➡ 鼓励孩子勤洗手、勤漱口、戴口罩。
不重要	**2．可以改变 / 不重要** 例：网速很慢让我感到有压力。 ➡ 如果以后线上会议增加的话，就换一个运营商。 例：每天都收到婆婆的信息，让我有压力。 ➡ 如果婆婆让我回信的频率增加的话，就告诉她“我做不到每天都回信息”。	**4．无法改变 / 不重要** 例：对妈妈群的闲话感到有压力。 ➡ 不用理。 例：社交平台上煽动焦虑的育儿信息。 ➡ 不看。 ➡ 不关注。

父母和孩子一起试试吧！

孩子把自己感受到的压力和不安整理成上述4种，可能会有点困难。即使在无法改变的情况下，孩子可能也会相信“应该可以改变”。

但是请妈妈们不要否定孩子相信“应该可以改变”的心情，而是要做出假设：“如果你自己不能改变的话，你觉得还能做什么呢？”让孩子自己思考，或者提出孩子可能做得到的行动。

“开阔心胸的魔术”之十一：
追溯成长经历，找出自己的“应该”

回顾人生，找出自己的“应该”

前文提到，作为焦虑根源的“应该”，是由原生家庭、学校生活、职业经历等人生经验形成的。如果妈妈们把迄今为止的人生中印象深刻的事情，或感到过愤怒的经历等写出来，就能发现自己所重视的价值观是如何养成的，以及让自己痛苦、焦虑的根源是什么。

从积极面和消极面解读“应该”

请妈妈们试着写下自己的“历史坐标轴”。横轴是年龄，纵轴是人生中发生事情的积极与消极的程度。对自己产生重大影响的事情、几十年都无法忘记的经历（被谁骂过之类）、让自己感到愤怒的事情等，把它们连同其程度一起记录下来，自己的价值观就会浮现出来。

例如，一位妈妈这样写道：“我很不喜欢儿子在学习和运动上总是说些丧气话。”写下这样的经历后，这位妈妈意识到了自己的价值观：“即使在困难的情况下，也应该努力”“不到最后一刻不应该放弃”“应该积极地对待事物”。

在我高中时代的社团活动中，教练每天都会对我说：“不到最后不准放弃！坚持！”在我接受了这样的价值观后，最终在几近败北的比赛中扭转乾坤，取得了胜利。这件事情也被我写在了坐标轴中。价值观经历过成功体验的验证，会变得更加牢固。另外，在工作中，当后辈抱怨“我做不到”的时候，我不由得情绪激动地生气了，我也将这件事情记录了下来，可能是因为这件事触及了对我来说非常重要的“应该”吧。像这样回顾自己的人生经历，妈妈们就能知道自己最容易为哪些言行和事件而焦虑。

方法和要点

❶ **准备如下图所示的历史坐标轴。**

❷ **把对人生产生影响的事件连同积极、消极程度一起记录下来。**

❸ **对记录的事件进行解读，弄清自己的“应该”。**

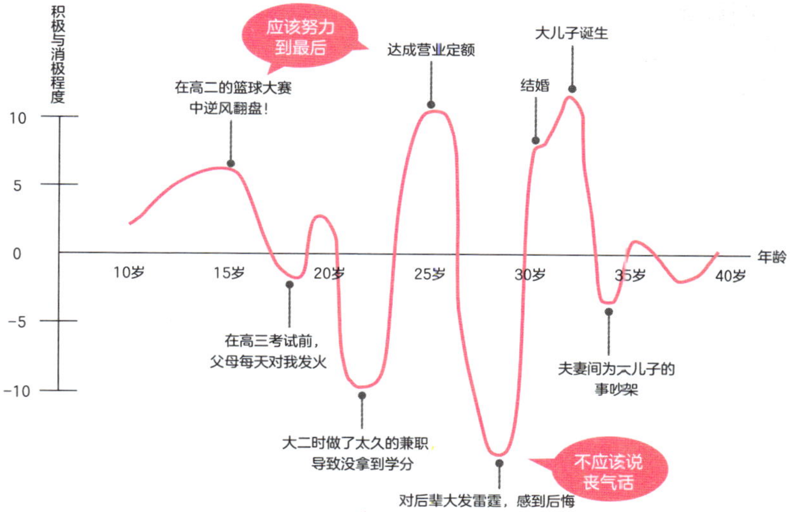

试着回忆一下当时是什么样的心情，以及是怎样想的吧。

父母和孩子一起试试吧！

和妈妈相比，孩子的人生经验较少，但如果问他之前经历过的“非常开心的事情”“非常讨厌的事情”等，他会说出各种各样的事情。从“应该”和孩子所重视的价值观中，妈妈们也许可以窥见造成孩子焦虑的根源。有时间的话，请妈妈们和孩子一边讨论一边试着写下来。

“开阔心胸的魔术”之十二：舒缓心情的伸展运动

缓解身体的紧张，放松下来

“气上心头”“怒火攻心”“怒目圆睁”“怒气填胸”等表达愤怒的词语经常涉及身体的各个部位，这是因为人在烦躁时身体也会发生变化。

心灵和身体是紧密相连的，当我们感到焦虑的时候，身体也会有所反应。当交感神经处于主导地位，心率和血压就会上升，身体会更加用力。容易焦虑和易怒的人，肩膀、脖子周围、肩胛骨等上半身的肌肉会经常处于僵硬状态。

通过伸展运动缓解紧张的肌肉，身体和心情也能得到放松。或许很多人都把伸展运动作为健康管理的一种方法去实践，但它对精神层面也有很大的好处。

随时随地都能轻松完成

当妈妈们感到焦虑时，无论何时都可以当场简单地进行伸展运动。妈妈们提前决定好一天中做伸展运动的时间段也可以，比如“做家务的间隙”“泡澡的时候”“睡觉之前”等。

妈妈们在养成做伸展运动的习惯后，对自己身体的变化也会变得敏感。妈妈们在焦虑不安和压力堆积的时候，有意识地进行伸展运动，心情和身体状况就不会恶化。

除了伸展运动，广播体操、瑜伽、有氧运动、散步等方式也能达到同样的效果。但是妈妈们不要做剧烈的运动，要试着做一些能让自己放松的运动。这也算是一种善待身体的时间吧。

方法和要点

1. 慢慢转动脖子，伸展开来。
2. 肩膀大幅度地旋转（前旋转、后旋转）。
3. 左右两手交叉向上伸直，然后向右或向左倒（拉伸侧腹）。

父母和孩子一起试试吧！

比起让孩子做伸展运动，更重要的是亲子一起运动的时间。比如妈妈抱着孩子做深蹲，让孩子推着妈妈的后背进行坐位体前屈，或是一边看视频，一边一起做伸展运动。妈妈和孩子这样做也能形成身体接触，让亲子间的情绪更稳定。妈妈和孩子如果平时就养成锻炼身体的习惯，就会形成不易积攒焦虑的体质。

“开阔心胸的魔术”之十三：
减少焦虑的放松菜单

明白能放松下来的情况

不让焦虑情绪累积的方法之一，就是妈妈平时就为自己创造放松的环境。要做到这一点，妈妈们首先需要知道自己在什么样的环境和状况下才能放松。

你会在什么样的环境、时间段、空间之下感到心情放松呢？咖啡的香味会让有的人感到治愈，但也会让有的人觉得不舒服。有的人享受独处的时间，有的人和家人在一起会感到治愈。

特别是妈妈，往往容易优先考虑家人，而把自己的事情放在后面。所以请妈妈们重视自己的感觉和心情，看看什么会让自己感到愉快吧。

制作放松菜单

妈妈们了解了让自己感到放松的条件后，就写出放松菜单吧。妈妈们可以根据环境和所需要的时间来制订菜单，比如“在家里能做的事情”“在室外能做的事情”“5分钟能做的事情”“两个小时能做的事情”“需要半天时间做的事情”等。

妈妈们在感到焦虑的时候，请积极地尝试一下在当时当场就能实现的放松菜单吧。妈妈们最好把菜单记在随身携带的笔记本或手机上。

平时让自己处于一种愉快、放松的状态，就不容易积累导致焦虑的负面情绪了。

方法和要点

❶ 写出能够让自己放松的状态。

❷ 以❶为基础思考放松菜单（按场所和所需时间进行整理）。

❸ 焦虑和压力堆积的时候，开始执行放松菜单。

■ 放松菜单的例子

能让我放松的是……
边喝咖啡边看书的时间/薰衣草的香味/香薰按摩/大海/治愈系音乐，等等。

时间	家里	户外
5 分钟	点燃香薰。 听治愈系的音乐。 想象眺望大海的景象。	闻滴了精油的手帕散发出的香味。 自己按压穴位。
两个小时	点燃香薰，给自己按摩。 在阳台看书。	去附近的咖啡店。 散步。
半天	回娘家陪陪父母。	在海边兜风。 做香薰按摩。 在图书馆借书去咖啡店看。

父母和孩子一起试试吧！

请妈妈们也考虑一下孩子的放松菜单吧。妈妈可以询问孩子喜欢的游戏、中意的毛绒玩具和毛毯等拿着就会让他感到安心的东西，也可以问问孩子什么东西能让他专心下来，以及想做很多次的事情或者想去的地方等，然后列出清单。当孩子焦虑的时候，妈妈就给他看清单，并问：“要不要试着做点什么？”这样的话，孩子的心情就容易转换了。

“开阔心胸的魔术”之十四：
寻找焦虑契机的“愤怒开关日志”

了解妈妈的“愤怒开关”

每个人都有因为某个契机而猛然感到焦虑的“愤怒开关”。有不少妈妈会因为孩子的反抗态度而生气，这是因为妈妈有着“应该听父母的话”“应该尊敬父母”“不应该对父母没礼貌”等“应该”。

那么，妈妈是以什么为契机，觉得孩子违背了“应该”的呢？诱因在于孩子说出的语言和做出的表情、动作等。这里面有着妈妈的“愤怒开关”。

比如，我们有时会遇到这种情况，孩子说“不知道”的时候，妈妈回答：“怎么可能不知道！”或者孩子叹了口气，妈妈反应过激地认定道：“叹什么气？亏待你了？”

孩子可能是因为真的不知道才说“不知道”，也可能只是累了，偶然间深深叹了口气。但是，如果妈妈的“愤怒开关”是“叹气”，那么不管孩子的情况如何，只要看到孩子叹气的样子，妈妈就会无意识地发火。

妈妈如果知道自己的“愤怒开关”，就可以避免这种情况。

“愤怒开关”可以在“愤怒日志”（P134）和“应该日志”（P137）中找到。回顾这些日志，妈妈就能知道自己平时会因为什么事情而生气，明白自己有着什么样的“应该”，还能提前知道容易引起芥蒂的语言和容易反应过激的动作和行为等“愤怒开关”。

“愤怒开关”没有对错之分，重要的是妈妈自己要知道。这样一来，妈妈们即使看到孩子叹气而焦虑不安，也能冷静地认为“这是我的愤怒开关”。

方法和要点

❶ 回顾“愤怒日志”和“应该日志”，找出引发愤怒的“开关”（语言、态度、举止等），写在笔记本上。

❷ 焦虑的时候，思考一下“自己打开了什么样的愤怒开关”。

父母和孩子一起试试吧!

让我们一起回顾一下孩子的生气模式。

例如，兄弟间突然吵架的契机有没有什么倾向呢？最先吃完饭的哥哥说：“我第一!”当这句话成为弟弟的“愤怒开关”时，“我第一”就会和“你输了、被炫耀了、被挑衅了、被愚弄了”等意义画上等号，这样的公式可能会让弟弟产生焦虑。

妈妈如果明白了孩子的“愤怒开关”，就能对他说“不是第一个吃完也可以啊，这跟输赢没有关系噢”。另外，妈妈如果对孩子说“听到‘第一’这个词心情会很不好吧”，那么孩子也能注意到自己的“开关”。即使孩子打开了“愤怒开关”，妈妈如果说“这个孩子的开关打开了啊”以阻止孩子发火，那么孩子也不会被卷入焦虑之中，而是会冷静应对。

骨番的

愤怒情绪管理

尝试了
“开阔心胸的魔术”
标上『愤怒日志』的地方
我注意到有很多相同模式的焦虑
小诗
休息日早早地醒来
肚子饿
焦虑
妈妈
休息日想好好睡个觉
被叫了起来
焦虑
为什么我醒了呢？
肚子饿了~
6:45
于是在休息日准备了这样的信……
冰箱里放了酸奶和香蕉，是可以吃的噢！！
让我睡到8点。
——妈妈
今天
我们好好相处吧。
呼~~
睡得真舒服
呼呼
通过预防焦虑，能够安稳度过的日子变多了。

第6章
解决各类焦虑情形：让妈妈和孩子都“不焦虑”的相处之道

本章将通过解答妈妈们实际遇到的各类烦恼案例，讲解愤怒情绪管理的方法。

针对常见的焦虑场面，我将介绍一些技巧，请多加参考（除了所介绍的技巧，妈妈们还可以使用“6秒魔术”和“开阔心胸的魔术”）。

烦恼案例1：

对早上不起床的孩子感到焦虑！

每天早晨，孩子（上小学三年级，男孩）都不起床，我很苦恼。我说："起床了！"但他只是"嗯"了一声，完全没有起床的意思。如果我不停地说，不一会儿他反而会倒打一耙，反抗道："吵死了！"孩子上学迟到的话会很麻烦，所以我才叫醒他，但是这让我从早上开始就止不住焦虑！

试一试！

① 通过深呼吸感受早晨的空气

➡ P88："嘶～哈～"深呼吸。

② 试着做一件与平时不同的事情

➡ P147：打破焦虑的"爆发模式"。

③ 告诉孩子希望他几点前起床

➡ P61：告诉孩子自己的底线，即自己心中“应该”的边界线。

技巧① 通过深呼吸感受早晨的空气

妈妈们的众多烦恼之一就是，对早上怎么也起不来床的孩子感到焦虑。为了防止妈妈暴跳如雷地大喊“快起来”，而将焦虑情绪在孩子面前表现出来，请妈妈们在那个瞬间、那个场合调整呼吸。深吸早晨的新鲜空气，可以让妈妈们尽快从激动的状态中冷静下来。

技巧② 试着做一件与平时不同的事情

“孩子早上起不来床”的情况，是每天早上都容易重复的状况。既然如此，就请妈妈们试着改变自己的行动，打破焦虑的模式吧。

例如，妈妈可以在孩子睡觉后拉开窗帘，让阳光照进来，把闹钟放在离床远一点的地方，早上打开孩子房间的窗户，让室外的空气进来，或者在叫孩子起床的时候播放音乐等，从环境方面做改变也是一种方法。

孩子起床后，妈妈们可以试着说“早上好”“你看起来心情不错，是做了开心的梦吗”“面包烤好了噢”“看！下雪了”等，将说话方式换成肯定的语言或刺激五官的声音，让孩子对起床后的情景产生良好的印象，而不要用指示、命令的语气。

关键点在于，妈妈先只需做一件让自己不会觉得麻烦、不会成为负担的事情。

技巧③ 告诉孩子希望他几点前起床

妈妈要考虑一下前面提到的三重圆的允许范围，比如“最理想的起床时间是几点”“最晚可以几点起床”“绝对不被允许的起床时间是几点”等。如果这三重圆不明确，妈妈就会被焦虑所左右。

请妈妈们用具体的语言向孩子说明自己的底线吧，比如“即使是睡懒觉，至少也要在7点半之前起床，再迟就没有时间吃早饭了，所以不可以这样哦”。

烦恼案例2：

对早上行动拖拉的孩子感到焦虑！

我家孩子（上小学一年级，女孩）在早晨特别拖拉，洗脸、换衣服的时间超级长。她还喜欢在被子里滚来滚去，在准备的过程中就看起书来，或者犹豫该穿哪件衣服……我对行动如此拖拉的孩子感到焦虑。我从早上开始就不得不唠叨“快点”“为什么现在看书”“你太邋遢了”，这一点让我感到很讨厌！

试一试！

① **默念咒语，让自己冷静下来**

➡ P85：默念“冷静咒语”。

② **改变发火方式的话，孩子的反应也会改变**

➡ P162：扮演憧憬的人，学会“巧妙发怒”。

③ 传达“自我信息”

➡ P73：掌握表达方式。

技巧 ① 默念咒语，让自己冷静下来

早晨——是很多妈妈会焦虑的时间段，因为必须在有限的时间里等孩子洗漱完毕、换好衣服后再送孩子上学。时间紧迫，妈妈有时会情绪化地对孩子大吼大叫，不停地唠叨。

一日之初的早晨，妈妈们也希望尽可能心情愉快地度过，或者能微笑着送家人出门。在妈妈们要对孩子唠叨时，先默念咒语让自己冷静下来吧。比如“我很擅长放松，我很擅长放松”“有时候就是这样的”等，这种能将焦虑转换为乐观心情的咒语也是值得推荐的。

技巧 ② 改变发火方式的话，孩子的反应也会改变

妈妈们在手忙脚乱的时候，肯定会变得情绪不稳定。妈妈们既然无论如何都会生气，那就试着扮演自己憧憬中的那个“优秀的人”再生气吧。

例如，妈妈可以试着扮演“总是面带笑容的好妈妈”。请妈妈们试着模仿那个表情、声调、说话的语气，虽然说的话和平时一样，但是能更冷静地表达。我经常听妈妈们说：“改变发火方式的话，孩子的反应也会改变。”

技巧③ 传达“自我信息”

妈妈如果感到焦虑，就很容易对孩子说“（你）准备的时间太长了”之类以孩子为主语的“对方信息”。因此，被责备的孩子会条件反射地想找借口、想争辩。

请妈妈们使用以自己为主语的“自我信息”去传达想要传达的事情吧。另外，妈妈们也要试着传达自己的要求和心情，比如“你不能收拾卫生的话我会很困扰”“希望你在7点半之前把饭吃完”等。

另外，妈妈们在向孩子传达要求的时候，请不要针对孩子无法改变的性格和体质，而是要传达希望孩子改变的态度和行为。

烦恼案例3：

对什么都想做的孩子感到焦虑！

我的女儿（上幼儿园大班）平时就很有主见，对什么事情都会说“想试试”。每当我站在厨房里，她就会说：“我也想做。”虽然我很高兴她好奇心旺盛，愿意为我帮忙，但使用菜刀对她来说还很危险，我担心她会受伤。虽然我觉得女儿有干劲是好事，但在我很忙的时候，要求过多的女儿会让我越发焦虑。

试一试！

① **首先，微笑着接受吧**

➡ P120：嘴角上扬，心情愉快。

② **烹饪时间挑战“温和妈妈”**

➡ P158：24小时“温和妈妈”挑战。

③ **决定哪些事情可以做，哪些事情不可以做**

➡ P61：决定“是否生气”。

技巧① 首先，微笑着接受吧

孩子的“我想做”是非常重要的欲求。妈妈们如果能很好地引导孩子的这种心情，就能激发孩子的独立性。话虽如此，但忙碌的妈妈们并不是随时都能满足孩子的要求。

在没有时间的情况下，妈妈们对孩子提出的要求会莫名地想发火。在这之前，请先做到嘴角上扬，露出笑容，给予孩子肯定：“你想做……对吧？”暂时接受孩子的愿望。

技巧② 烹饪时间挑战“温和妈妈”

即使妈妈们不能每次都满足孩子的愿望，但至少在妈妈们能尊重孩子“想做”的时候，和孩子一起享受这段时间。如果孩子对料理的兴趣特别强烈，请妈妈们试着告诉自己：‘只用在烹饪时间表现得温和也可以！”

妈妈们就算不可能24小时都保持平静，就算内心焦虑，但只要告诉自己“只用现在坚持一会儿”，就会容易变得温和地应对。妈妈们也可以一边注意孩子的安全，一边静下心来享受做饭的乐趣。

技巧③ 决定哪些事情可以做，哪些事情不可以做

妈妈们一方面要温和地引导孩子“想做”的心情，另一方面把危险的事情清楚地传达给孩子，这是父母的职责。但如果过于尊重孩子的要求，什么都允许孩子做的话，有时会让孩子的行为变本加厉。可以原谅的行为范围和不能原谅的行为范围分别是怎样的，请妈妈们明确地告诉孩子。

例如，妈妈如果告诉孩子：“你可以做的是，用烹饪剪刀切菜，或使用儿童用的菜刀，或在妈妈的陪同下使用菜刀。”孩子就会知道应该怎么做，从而安心地去做。

妈妈们在告诉孩子什么事情不可以做的时候，请告诉他理由和设定，比如“不可以独自使用大人用的菜刀哦。因为这种菜刀对你的手来说太大了，而且可能会让你受伤”。

妈妈们如果事先明确哪些事情可以做，哪些事情不可以做，孩子就会更容易遵守规则，妈妈也不容易被焦虑所左右。

烦恼案例4：

每天反复争吵的兄弟让人焦虑！

每天，我家的那两个儿子（一个上小学二年级，一个稍小一点）都争吵个不停。争吵的原因都是些小事，比如“你随便看了我的书”，或者“你推了我”等。争吵只要一开始，他们就会跟我一一汇报：“××做了这样的事！”或者向我发出求助：“妈妈，我生气了！”“妈妈，救救我！”所以我每次被卷进来的时候都会变得焦虑。

试一试！

① **暂时离开孩子们**

➡ P105：离开现场。

② **用气球吹散心中的焦虑**

➡ P126：吹吹气球，告别焦虑。

③ 整理令人讨厌的压力

➡ P165：不积攒负面情绪的“压力 · 不安日志”。

技巧① 暂时离开孩子们

妈妈们没必要每次都想着“必须让兄弟间的争吵停止”。如果对眼前发生的争吵感到焦虑，不介入也是一种选择。

妈妈们只需对孩子们说一句“我去打扫一下门口”，然后暂时离开，恢复心情。妈妈们通过离开现场的方式，也会让孩子们冷静下来。

如果孩子间出现了暴力等禁止行为的话，妈妈就陪着孩子一起出去冷静一下吧。

技巧② 用气球吹散心中的焦虑

当焦虑的矛头指向彼此时，亲子间用吹气球的方式来转换心情也很有效。请妈妈们试着把气球递给孩子们，说：“把那种焦虑的情绪吹进气球里看看。”

妈妈和孩子情绪激动的时候，身体会紧绷，所以要用力向气球吹气。随着气息一起吐出焦虑的心情，让心情变得舒畅、平静吧。

当开始玩吹大了的气球时，刚才还在吵架的孩子们会变得友好无比，真是不可思议。

技巧③ 整理令人讨厌的压力

让我们一起来整理一下“什么最能让你感到有压力”吧。

例如，哥哥非常讨厌自己的书和文具被别人随意使用，但不管跟弟弟说了多少次他都不听，在这种情况下，妈妈和孩子就可以一起思考一下关于不可以随意使用他人物品的“计划”和“规则”。

哥哥真正不希望别人使用的东西，可以放在专门的抽屉里锁上，或者由妈妈保管，或者在书架上贴上写有“想看的时候就问我能不能借”之类的字条，像这样考虑现实的对策并付诸实践吧。

烦恼案例5：

对写作业拖拉的孩子感到焦虑！

孩子（上小学一年级，女孩）放学回家不想马上做作业。

我一对她说：“快做作业啊！”她就回答：“我知道了！”“我本来就是想现在做的。”

明明这样说着，却懒懒散散地吃零食、看视频、看电视，或者去朋友家玩，完全没有要写作业的意思。到睡觉前孩子才慌慌张张开始赶作业，这真让我焦虑。

试一试！

① 想要提醒孩子时，在头脑中做减法

➡ P92：在头脑中做减法。

② 思考自己的“应该”

➡ P137：了解焦虑根源的“应该日志”。

③ 具体地传达自己的要求

➜ P73：掌握表达方式。

技巧① 想要提醒孩子时，在头脑中做减法

“又没做！”对于不做作业的孩子，妈妈情绪化地对孩子进行提醒会产生相反的效果。首先，为了让自己的心情平静下来，请妈妈们在头脑中做减法吧。在减法中随着被减数越来越小，妈妈的焦虑程度也会变得越来越小。妈妈们也可以使用“停止思考”战术（P82）或“嘶～哈～”深呼吸（P88）等“6秒魔术”。

技巧② 思考自己的“应该”

妈妈们在稍微冷静下来后，请试着想一想作为焦虑根源的自己的“应该”吧。

“孩子回家后应该马上做作业”“孩子如果想做作业的话，应该在5分钟以内完成”“孩子应该在做完作业后，看喜欢的节目”“应该在吃晚饭前把作业做完”“不应该在睡觉前匆匆忙忙

赶作业”……妈妈们有着各种各样的“应该”。

请妈妈们从中选出对自己来说最重要的“应该”，并使用下面技巧③的方法向孩子传达。妈妈们与其把几个“应该”合在一起对孩子发火，不如集中在最希望孩子遵守的一个“应该”上，这样孩子更容易接受。

技巧③ 具体地传达自己的要求

对于案例中的妈妈来说，最重要的是“孩子应该在吃晚饭前把作业做完”。但是，妈妈用“快点写作业啊”“为什么不写”“吃晚饭前写不完，你就别吃饭了”等指示、命令、责备的语气，以及略带威胁字眼的说话方式，孩子很难愉快地接受。

妈妈可以对孩子说：“在6点晚饭做好之前把作业做完吧。”要像这样把“在什么时候之前做什么”作为具体的要求，将自己认为最重要的“应该”传达给孩子。

指示、命令的语气
责备、强迫的说话方式

· 快点做作业！
· 为什么不做？！
· 吃晚饭前写不完，你就别吃饭了！

→

具体的要求

在6点晚饭做好之前把作业做完。

烦恼案例6：

对到点还不准备睡觉的孩子感到焦虑！

虽然我反复跟孩子强调要在8点之前上床睡觉，但女儿（上小学三年级）每天晚上到睡觉时间了还在家里走动。这时我就会忍不住用强硬的语气发火："不要让我每天都说！"我每次都反复提醒同样的事情，但孩子的状况还是没有改变，该怎么办才好呢？

试一试！

① 用鼓励的语言让自己冷静下来

➡ P123：鼓励自己，不要灰心。

② 改写"应该"

➡ P150：改变想法大作战之"3个箱子"战术。

③ 试着问问孩子“怎么办才好”，以及今后的打算

➡ P73：掌握表达方式。

技巧① 用鼓励的语言让自己冷静下来

如果可以的话，妈妈们都希望在休息前不大吼大叫，安静地度过一天。首先，请妈妈们说些鼓励自己的话，等心情平静下来之后再面对孩子，比如，可以对自己说“今天我也很努力了”等。

技巧② 改写“应该”

不管妈妈说了多少次，孩子的状况还是没有改变，也许是因为妈妈理想中的“应该”的要求太高，又或许是因为妈妈固执地秉持自己的价值观。妈妈把对孩子来说难以企及的“应该”强加于孩子，状况会很难改变，因此妈妈就会持续地焦虑。

请妈妈们把自己的“应该”写出来，试着与孩子进行探讨，将其改写成孩子自己能遵守的“应该”吧。

例如，妈妈如果写下“孩子应该在每天晚上8点之前睡

觉”，那么就将其改写为“孩子即使8点半睡觉也不会睡眠不足”“按照现在的生活节奏，孩子如果8点睡觉很困难的话，那么9点前上床睡觉是不是也可以呢”“孩子可能是想多和我接触”，像这样，通过改写“应该”，就能做出让妈妈和孩子都心情愉快的选择。

技巧③ 试着问问孩子“怎么办才好”，以及今后的打算

愤怒情绪管理是一种聚焦于“解决方案”和“未来”的以解决问题为导向的方法，而不是一味地纠结于问题的“原因”和“过去”。

对于不管说多少次都不改变的孩子，请妈妈们不要拿过去的事情说事，比如“上次我也说过了吧”，而是要为了改变孩子下次的行动和态度，对孩子提出能够放眼未来的解决方案，如“从明天开始，你觉得应该怎么做才好”。

如果是孩子自己思考并决定的解决方案，孩子就能接受并执行。实际上，孩子也会提出解决方案，比如“睡前10分钟，和妈妈在被子上玩纸牌游戏”。

烦恼案例7：

对因为一点小事就生气的自己感到焦虑！

也许是我愤怒的沸点太低了，一点鸡毛蒜皮的小事都会让我焦虑和情绪激动。在妈妈群集体外出的时候，因为孩子们在电车里吵闹，我对儿子（上幼儿园大班）大吼了一声。但是，另一个妈妈只是平静地对我说“算了吧”。于是，我陷入了“只有我是脾气不好的妈妈……”的失落情绪中。有控制发怒的方法吗？

试一试！

① **试着给各种焦虑情绪设定刻度值**

➡ P98：愤怒的“温度标记”。

② **预先准备能让自己心情平静下来的物品**

➡ P175：减少焦虑的放松菜单。

③ 出门前嘱托孩子你不希望他做的事情

➡ P73：掌握表达方式。

技巧① 试着给各种焦虑情绪设定刻度值

案例中的妈妈似乎属于愤怒强度较高的类型。妈妈如果愤怒强度很高的话，就会像火山爆发一样，无法控制愤怒的势头，还会发出不必要的怒吼，或者自己放大愤怒情绪。如此一来，妈妈就无法做到“平静地教导”。

对于这样的妈妈，我想推荐的方法是，给愤怒设定刻度值。愤怒强度高的人，愤怒的程度容易呈现出两个极端：0度或10度。妈妈们通过在心中设定“现在的愤怒是5度”“现在是8度”等具体程度，就能客观地看待自己的焦虑，也能区分有必要生气的事情和没必要生气的事情。

设定刻度值的习惯，可以帮助妈妈们准确地捕捉到自己情绪的细微变化。妈妈们如果可以尽早意识到“我这是要爆发了”的状态，就能减少突然怒吼的情况。

技巧② 预先准备能让自己心情平静下来的物品

妈妈们如果觉得自己很容易打开“焦虑开关”，那就从平时做起，提前准备一些能让自己放松的“菜单”吧。妈妈们使用刻度设定的方法，就能知道自己在什么情况下容易大发雷霆。

例如，妈妈如果知道了公共礼仪容易让自己焦虑的话，就事先思考一下乘坐电车时可以做的“放松菜单”。推荐妈妈们使用可以随身携带的物品，如“戴上喷有喜欢的香水的口罩”“触摸低反弹材质的钥匙圈”等。

技巧③ 出门前嘱托孩子你不希望他做的事情

孩子和朋友结伴外出时，经常会因为和朋友一起外出而兴奋不已。因此妈妈要事先告诉孩子想要他遵守的事情，如“在电车里说话时声音要小点”。

烦恼案例8：

对动不动就哭的孩子感到焦虑！

我儿子（上小学一年级）一生气就哭。之前因为把学校发的信一直放在书包里让我生气了，儿子就哭着开始找借口。要是我斥责他："别哭了！"他会放声大哭。丈夫对我说："你不用那么生气嘛。"这让我感觉自己就像那种狠毒的父母一样，我感到很焦虑。

试一试！

① **传达冷静信号，让自己安心**

➡ P117："拍拍身体"，传达冷静信号。

② **思考焦虑的诱因是什么**

➡ P178：寻找焦虑契机的"愤怒开关日志"。

③ 倾听孩子的负面情绪

➡ P38：焦虑的信号5：告诉我们“自己真正的心情”。

技巧① 传达冷静信号，让自己安心

正哭泣的孩子情绪较激动，妈妈们无法和他们冷静地交谈。这时，妈妈们要压制自己想对孩子说“别哭”的心情，并温柔地拍拍孩子的背和肩膀，向孩子发出冷静的信号。这样可以减少孩子“悲伤”“不安”等负面情绪。

等孩子恢复冷静后，妈妈们首先要认真倾听孩子的话。

技巧② 思考焦虑的诱因是什么

在这个案例中，我希望妈妈们思考的与其说是“对动不动就哭的孩子做点什么”，不如说是“我为什么会对孩子哭泣的样子感到焦虑”。

妈妈焦虑的诱因可能是“儿子的眼泪”，也可能是“借口”。如果妈妈们试着直视自己的“愤怒开关”的话，自己那些不能让步的价值观也许就会显现出来，如“不应该在别人面前哭泣”“男儿当自强，不该流眼泪”“哭之前应该道歉”等。

注意到这一点，妈妈们就能冷静地认识到“原来这是我的‘愤怒开关’”。

技巧③ 倾听孩子的负面情绪

“哭”是一种表达方式，孩子也会通过哭来表达自己焦虑的心情。让人流泪的焦虑背后，隐藏着无法用言语表达的负面情绪。越是在“不许哭”的教育下长大的父母，越是无法接受孩子的负面情绪，也越容易焦虑。

“突然被骂，吓了一跳吧”，妈妈像这样替孩子说出自己的负面情绪，孩子就能注意到自己真正的心情，从而产生被理解的安心感，最终能够让焦虑平复下来。

烦恼案例9：

对讨厌吃蔬菜的孩子感到焦虑！

孩子（上幼儿园中班，男孩）虽然没有食物过敏，但是挑食问题很严重，让我很困扰。孩子尤其讨厌绿色的蔬菜，一口都不吃。其他妈妈建议我："过几天孩子就能吃了，还是不要勉强为好。"但我还是担心孩子会营养不均衡。在家做饭要特意为孩子准备他愿意吃的菜单，外出就餐时也要一一确认哪些菜他会吃，这都成了我的负担。

试一试！

① 妈妈们回想一下自己可以吃下讨厌食物的瞬间

➡ P108：采访"成功的我"。

② 为了改变状况，从能做的事情开始做

➡ P143：改变状况的"变化日志"。

③ 只改变一种平时的饮食习惯

➡ P147：打破焦虑的“爆发模式”。

技巧① 妈妈们回想一下自己可以吃下讨厌食物的瞬间

妈妈正因为在意孩子的健康和发育，才会对孩子的挑食感到焦虑。话虽如此，但相信谁都有过“自己不喜欢吃的东西突然有一天能吃下了”的经历吧。

妈妈们有过不喜欢吃的食物吗？请妈妈们试着回想一下自己突然有一天变得能吃那种食物而感到高兴的瞬间吧。妈妈们如果想着“孩子总有一天也能吃”，就不会徒劳地感到焦虑了。

技巧② 为了改变状况，从能做的事情开始做

妈妈们希望挑食的孩子变成什么样子呢？我想妈妈们都有这样的愿望，“希望孩子对蔬菜感兴趣”“希望孩子知道蔬菜是身体发育的重要营养来源”“希望孩子喜欢上吃饭”等。

等妈妈们想好“希望孩子做到的样子”后，就用“变化日志”把自己能做的事情写出来吧。

例如，妈妈如果希望孩子“对蔬菜感兴趣”，就可以考虑在阳台的花盆里种蔬菜、在室内进行水耕栽培[1]，或让孩子体验在田里收获农作物等。

希望孩子知道蔬菜是我们身体的重要营养来源 ➡	在图书馆借关于蔬菜的书，读给孩子听。
希望孩子喜欢上吃饭 ➡	· 和孩子一起做饭。 · 购买孩子专用的厨具。 · 在把蔬菜切得细碎等烹饪方法上下功夫。

妈妈们想到能做的事情，就从马上能做的事情开始吧。也许孩子的状况会从“讨厌蔬菜”变成“喜欢蔬菜”。

技巧③ 只改变一种平时的饮食习惯

改变一种平时的饮食习惯，会刺激孩子“想吃”的欲望。

比如：妈妈们可以把晚饭时间推迟一小时，让孩子处于饥饿

[1] 水耕栽培（Hydroponics），简称水培，是一种不使用土壤种植植物的技术。它一般只通过水供给植物生长所需的营养成分，有时会兼用支撑植物根部的材质，例如：珍珠岩、砾石、木质纤维、沙粒、泡棉、矿棉等。

状态；一开始只把蔬菜等配菜端上餐桌；和朋友一起吃饭；在阳台上吃饭；播放背景音乐……请妈妈们试着像这样改变一下吃饭的时间和环境。

烦恼案例10：

对不练习钢琴的孩子感到焦虑！

女儿（上小学五年级）似乎想将来在音乐上有所发展，但就是不怎么爱练习钢琴。我只要一说："快去练习钢琴。"她就会反抗说："本来就是想现在去练习的！"每天我们都会像这样争吵。弹钢琴这件事情本身对她来说是喜欢的，但有时候我不叫她练习她就不会练习。我对这样的女儿感到焦虑。

试一试！

① 想象妈妈的理想的一天

➡ P111：描绘理想的一天之"神奇日练习"。

② 用小步骤决定接近理想的行动

➡ P143：改变状况的"变化日志"。

③ **让孩子写一个以自己为主人公的故事**

➡ P154：书写“自己的故事”。

技巧① 想象妈妈的理想的一天

对于钢琴技能的精进，孩子每天的练习积累是很重要的。如果现在妈妈内心的焦虑被解决了，请妈妈们试着想象一下，理想中的一天是怎样的状态？

“即使女儿没有练习钢琴，我也不会焦虑，而是和女儿愉快地聊着钢琴”——妈妈在描绘出这样理想的一天后，试着回顾过去的一年，回忆一下最接近理想的一天是怎样的状况。

妈妈如果能回想起“在女儿的表演会前，每天都和女儿热烈地谈论钢琴”，就可能会注意到因为有了具体的目标，父母和孩子都能保持积极的心态。为了厘清现状和理想的一天之间的差距，妈妈们可以采取怎样的行动呢？请妈妈们以“最接近理想的一天”为提示，试着用技巧②中的“变化日志”来思考吧。

技巧② 用小步骤决定接近理想的行动

为了接近理想的一天，需要妈妈们分小步骤来考虑“想要发生的变化”以及为此需要采取的行动。妈妈们要把能愉悦亲子心情的诀窍，以及能让孩子养成练习习惯的方法——凡是能想到的都写下来，并从能做到的事情开始着手。

比如“帮助孩子寻找类似去参加比赛等目标”“去看钢琴独奏会”“把孩子练习结束后的时间作为点心时间”……妈妈们通过行动，不仅自己不会焦虑，或许孩子的干劲也会被点燃。

技巧③ 让孩子写一个以自己为主人公的故事

请妈妈们让孩子思考“自己的理想形象”，并写下以“朝着理想前进的自己”为主人公的故事吧。

孩子通过从有圆满结局的未来反观“现在”，无论多么讨厌练习，都能将其视作实现梦想的必要步骤，并能积极地去行动。

烦恼案例11：

对脱完衣服乱扔的孩子感到焦虑！

我每天都为孩子（上小学二年级，男孩）乱扔衣服的状态而焦虑。早上起床后孩子脱下的睡衣散落在儿童房的地板上，放学回家后孩子脱下的袜子和上衣则散落在走廊和客厅的各个角落，我每次都要找到它们、捡起来、挂在衣架上，真的很麻烦。糟糕的是，我还吼了孩子："妈妈不是保姆！"

试一试！

① 将视线集中在一点上，让情绪稳定下来

➡ P95："钉在当下"战术。

② 想解决什么问题？弄清焦虑的根源

➡ 第2章"焦虑"告诉我们的8个信号。

③ 思考能做到的改变

➜ P143：改变状况的“变化日志”。

技巧① 将视线集中在一点上，让情绪稳定下来

每天当妈妈寻找和捡拾孩子乱扔的衣服时，焦虑的情绪就会膨胀，就会对孩子说：“你自己收拾吧！”这种时候，请妈妈把注意力集中在眼前的“某件物品”上。

重点是将视线固定在“某件物品”上。就像“眼神游移”这个词一样，心神不定的时候，视线会四处移动。妈妈如果将视线集中在一点上，意识也会固定在原地，就像船锚一样，可以稳定不断变化的情绪。

技巧② 想解决什么问题？弄清焦虑的根源

妈妈们感到焦虑的根源是什么？

孩子乱扔衣服 ➜ ·“想要保持舒适的空间，所以不应该弄乱”的愿望。

寻找和捡拾衣服 ➡

· “自己的事情应该自己做”的理想和育儿观。
· “孩子应该对妈妈每天捡拾衣服表示感谢”的愿望。

妈妈知道了自己焦虑的原因，就能想到解决的方法。

技巧③ 思考能做到的改变

妈妈不管说了多少次，孩子的状况还是没有改变，想要为此叹气的时候，请试一下其他的方法吧。

例如，妈妈可以考虑将孩子脱下的衣物放置在规定位置。还有一些方法，比如把孩子脱下来的睡衣里的钱包挂在床边，或者在门口放一个孩子回家后马上就能挂衣服的挂衣杆。

另外，妈妈不洗没有放进洗衣篮的衣物也是一种方法。因为衣服没洗而苦恼的是孩子，所以迫于需要，孩子也会自己把衣服放进洗衣篮里。

烦恼案例12：

因为游戏和孩子对立而焦虑！

我经常和孩子（上小学六年级，男孩）因为玩游戏而争吵。如果可以的话，我不想让孩子打游戏。因为学习的时间减少了，我更想让他多出去玩。不知道孩子是不是在学校和朋友约好了，总是在网上玩好几个小时，一出新游戏就缠着让我给他买……因为这件事经常和孩子对立，我感到很焦虑。

试一试！

① **试着改写自己的想法**

➡ P150：改变想法大作战之“3个箱子”战术。

② **用三重圆来思考“可以原谅”“不能原谅”**

➡ P65：开阔心胸，养成不易生气的思维方式。

技巧① 试着改写自己的想法

妈妈们不要盲目地强制孩子“不准玩游戏”，而是要告诉孩子“为什么不想让他玩游戏”，如果要玩，妈妈们要和孩子讨论想让他遵守什么，这一点很重要。为了妈妈们能养成对亲子双方都有建设性的思考方式，请试着改写自己的想法吧。

妈妈们尝试按照下表中右列的格式将自己的想法写出来，就可以找到能让亲子双方都变得愉快的共识，比如“虽然我希望你尽量不玩游戏，但这也许是和朋友共享快乐时光的交流工具之一”。

感到焦虑的事	·孩子每天总是打游戏。 ·不能遵守约定好的时间。
导致焦虑的“应该”	·孩子应该和朋友出去玩，而不是打游戏。 ·孩子不应该每天打游戏，即使玩游戏也应该只玩一小时。
对“应该”的改写	·或许游戏也是孩子和朋友交流的一种方式。 ·孩子遵守规则的话，打游戏也是可以的。

技巧② 用三重圆来思考“可以原谅”“不能原谅”

妈妈们重新审视自己的想法，如果明白了自己希望孩子在遵守规则的基础上可以玩游戏，就可以用三重圆来划分“可以原谅”“不能原谅”的范围。

妈妈理想中的状态是孩子和朋友上网的频率是一周三次，每次最多一小时。妈妈可以原谅的范围是孩子和朋友上网时，再怎么延迟也不能超过一个半小时。妈妈不能原谅的范围是“为游戏充钱”“孩子想要新游戏，在生日或圣诞节以外的时候也缠着要”“一次游戏时间超过一个半小时”等。妈妈们可以像这样整理出来。

然后，妈妈们把这个范围告诉孩子，再和他讨论一下。妈妈们制定一个能让人接受的规则，就能防止和孩子对立。

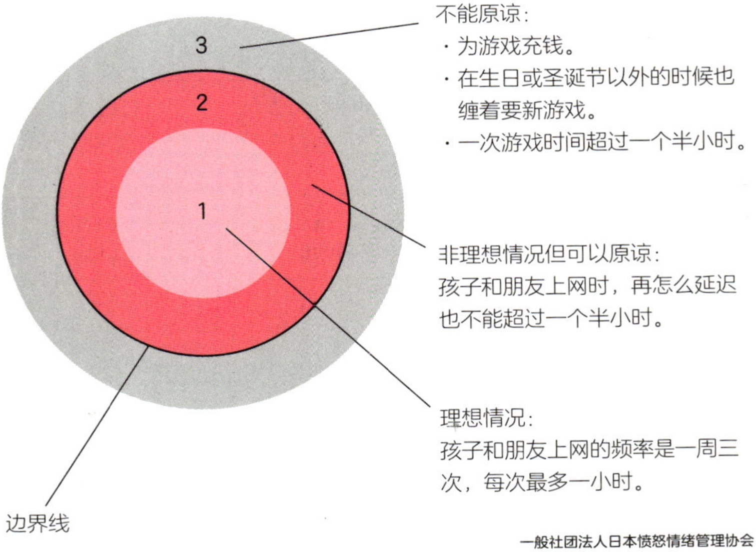

一般社团法人日本愤怒情绪管理协会

烦恼案例13：

对玩得不想回家的孩子感到焦虑！

我女儿（上幼儿园大班）一旦玩得入迷，就不想回家，这让我很困扰。我去保育园接女儿时，她会说："我还想玩。"反正不准备回家。从公园回家的时候也是这样，女儿会说："等会儿，再玩一会儿。"然后一玩就是一小时、两小时……她就这样若无其事地继续玩，最终我一边和她大吵，一边硬把她拖回了家。每次都让我筋疲力尽。

试一试！

① 玩耍前告知孩子"不能原谅的范围"

➡ P61：决定"是否生气"。

② 让孩子做选择，亲子双方都没有压力

➡ P165：不积攒负面情绪的"压力·不安日志"。

技巧① 玩耍前告知孩子“不能原谅的范围”

孩子之所以“想玩”到不想回家的程度，只是因为他们对某种事情非常专注和热衷。这本身是一件很好的事情，但考虑到要留出吃饭和睡觉的时间，总不能让孩子一直玩下去吧。

妈妈们去保育园接孩子或带孩子去公园玩的时候，可以事先告诉孩子规则和不能原谅的范围。妈妈们可以对孩子说：“5点就不要玩了，做好回家的准备吧。”“再晚也要在5点10分之前回家。你要是说‘我不回去’，我就生气了哦。”

妈妈们如果设定了“再晚也要在5点10分之前回家”这样的规则，孩子大概率会一直遵守（不会每天改变），如果遵守不了妈妈就生气。妈妈们事先告诉孩子规则，孩子就会变得更有时间观念。

技巧② 让孩子做选择，亲子双方都没有压力

对于明明到了放学时间却不想回家的孩子，妈妈和他交流时的压力可以根据妈妈的处理方式“改变”。妈妈们试着用孩子自己决定并能接受的语言说话吧。

妈妈们在告诉想要继续玩的孩子“5点就回家”后，可以在

约定的时间之前就提醒孩子“还有10分钟哦”。这样一来，孩子就能意识到回家的时间。

到时间后，如果孩子坚持“还想玩”，妈妈可以提出最多3个选项，让孩子选择。例子如下所示，妈妈始终要以“5点回家”为前提提出3个选项。

① 再过10分钟能收拾好并在5点离开公园的话，就顺便去趟超市再回家。
② 5点能离开公园的话，就一起做饭。
③ 过了5点再离开的话，下周就不来公园玩了。

妈妈如果强制孩子做某事的话，孩子就会反抗，但如果是孩子自己选择并决定的，孩子就会接受。另外，选项太多会对孩子造成混乱，所以这样做重点是最多给孩子提供3个选项。

烦恼案例14：

每天都为吃饭礼仪不好的孩子焦虑！

我很在意女儿（上小学二年级）的吃饭礼仪。我每次都对女儿说："不能用胳膊肘撑着！""嘴里还有食物时不要说话！""把碗拿好！"但她还是改不了，吃饭的时候我总是会不断发火，因此我感到很累。虽然丈夫不太在意，但我担心孩子以后会变成连吃饭礼仪都不懂的大人。

试一试！

① 比起否定或命令的语气，更应该提出具体的要求

➡ P73：掌握表达方式。

② 直面让自己痛苦的"应该"

➡ P169：追溯成长经历，找出自己的"应该"。

③ 思考自己是否存在“先入观”和“主观臆断”

➜ P35：焦虑的信号4：让我们意识到“自己的价值观”。

技巧① 比起否定或命令的语气，更应该提出具体的要求

妈妈们想让孩子掌握吃饭礼仪的时候，如果总是重复类似“不能这样做”的否定和命令的语气，孩子就会觉得自己总是在被监视或被批评，进餐时间也会变得不愉快。妈妈可以对孩子说：“等嘴里的食物吃完了再说话吧。”像这样把不希望孩子做的事情作为要求传达给孩子。

另外，妈妈们不要用“好好地”这种含糊的表达方式，而要具体地表达：“饭碗是要用大拇指以外的四根手指从下面托住的哦。”这是关键所在。

技巧② 直面让自己痛苦的“应该”

总是会让妈妈焦虑的事情，反映了对妈妈来说很重要的价值观。妈妈重视吃饭时的礼仪并不是坏事，但如果妈妈每天都为此感到焦虑，让自己痛苦不堪，那就应该思考一下为什么自己要顽固地坚持这种“应该”。

妈妈们可能都有过被勉强接受“应该”的经历，比如，幼年时期被严厉教育了要注意吃饭的礼仪，亲戚聚在一起的时候因为自己没礼貌被训斥而感到羞耻……如果妈妈们知道了自己执着的理由，就能更清楚孩子的状况。

技巧③ 思考自己是否存在“先入观”和“主观臆断”

妈妈如果担心孩子会变成连吃饭礼仪都不懂的大人，就请试着直面自己的思考方式，看看对于焦虑事件，自己是否存在“先入观”或“主观臆断”的问题。

“虽然孩子现在做得不够好是事实，但这并不意味着孩子以后会变成一个不懂吃饭礼仪的大人。”妈妈们如果能像这样意识到自己之前的思考方式有些负面，就能冷静下来朝好的方向思考。

烦恼案例15：

对执着于一些小事的孩子感到焦虑！

我对孩子（上幼儿园小班，女孩）的某些执着感到焦虑。她每天都想穿自己喜欢的衣服，吃饭的时候会说“××样的盘子好一点”“我非要这把椅子”等，孩子在细小的事情上都有自己的主张。从大人的角度来看，说实话，这都是些无关紧要的事情，但真是烦透了。虽然我很尊重孩子的希望和意愿，但还是会爆发出愤怒情绪。

试一试！

① 暂时将焦虑恢复为白纸

➡ P82：“停止思考”战术。

② 了解孩子的价值观

➡ P35：焦虑的信号4：让我们意识到“自己的价值观”。

技巧① 暂时将焦虑恢复为白纸

孩子对某件事有“执念”并不是坏事。这是一个孩子了解自己的喜好、欲望以及找到能让自己安心的事物的过程，而且孩子能够表达自己的想法，也证明孩子已经具备了良好的独立性。

即使妈妈想要尊重孩子的意愿，但如果在忙的时候或者没有空闲的时候被孩子一一要求这些小事，就会觉得孩子很任性。如果孩子每天都穿同样的衣服，“可能会被周围的人认为是买不起衣服”，或者“可能会被认为是没有洗衣服”……当想到这些，妈妈的思绪就会失控，所以请妈妈们暂时停止思考，让大脑恢复为一张白纸吧。

如果原本不是什么太重要的执念，妈妈们妥协一下也没关系。冷静下来，不要让焦虑的情绪爆发出来。

技巧② 了解孩子的价值观

“执念”是指对一件事抱有执着的想法。如果妈妈们试着关注“孩子为什么执着于此”，就能了解孩子的价值观。

孩子每天都想穿英雄战队的衣服，是因为孩子憧憬着那些强大又帅气的英雄；孩子想用木纹碗而不是塑料碗吃饭，是因为孩子有“想用和大人一样的东西”的欲望。在妈妈看来很“任性”的执着，有时反映着孩子用自己的心去感受、思考、行动的重要价值观。

为了培养孩子的独立性，只要孩子的执念不会伤害到周围人，妈妈就尊重他本人的价值观吧。孩子自己的价值观被尊重，今后也能宽容他人的价值观。

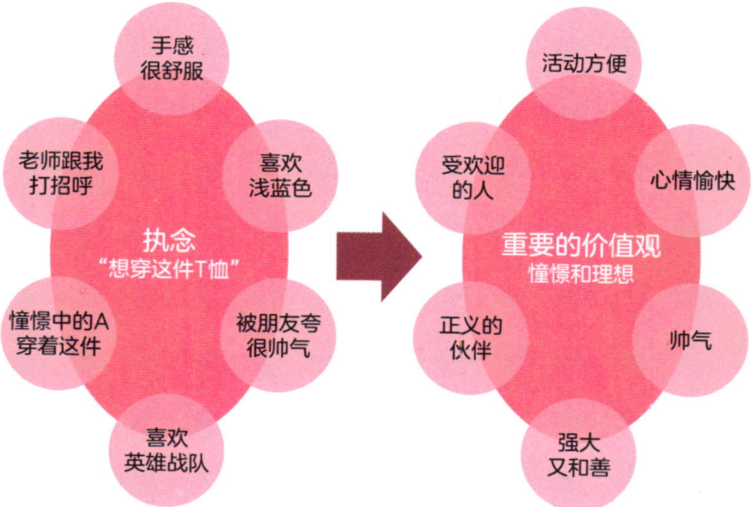

烦恼案例16：

对自暴自弃的孩子感到焦虑！

我孩子（上小学五年级，女孩）似乎将焦虑的矛头指向了自己，即使是一点小事她也很在意，很容易受伤，作为父母很是为她的敏感而焦虑。“反正都是我不好吧”“我这样的人，不存在就好了吧”，很多时候孩子都会这样自暴自弃或者失落。我看到孩子卑微的样子，会希望她“更有自信一点”。

试一试！

① 让孩子关注“能做到的事情”

➡ P114：翻看“成功日志”。

② 寻找快乐、开心、喜悦的事情

➡ P140：探寻美好的“快乐日志”。

技巧① 让孩子关注“能做到的事情”

自暴自弃地说“反正……”的孩子会处于一种状态，即认定“我肯定不行”“我肯定做不到”，从而无法描绘出光明的未来。“遗憾”“失望”等负面情绪越是积压，孩子就越容易产生焦虑，从而形成恶性循环。这时候，请妈妈们教孩子写“成功日志”，让孩子能够把目光聚焦在小小的“成功”上。

有的孩子会为一点小事而在意或受到伤害，那是因为他们是敏感而感性的人。这样的孩子能够体察、理解他人的心情，可以说是体贴、温柔的人。正因为他们有着敏感的心，才能做到很多事情，比如“把身体不舒服的朋友送到医务室”“和哭泣的朋友打招呼”，等等。而当孩子开始记录“成功日志”，就能切实感受到自己每天都在做着各种各样的事情，也能慢慢变得认可自己。

如果是孩子本人不愿意写“成功日志”，请妈妈们就一些看似理所当然的事情，多多夸赞孩子。比如“考试时的名字写得好漂亮啊”“每天都能在规定的时间起床，真厉害啊”。孩子会因此产生小小的自信，并提升自我肯定感。

技巧② 寻找快乐、开心、喜悦的事情

容易自责的孩子，内心往往充满负面情绪。对于这样的孩子，妈妈要教他写“快乐日志”。孩子把感到开心、高兴的事情写下来，就会发现日常生活中洋溢着一些小小的快乐。

孩子如果能把目光聚焦在日常生活中的快乐上，不必要的负面情绪积压和自责之类的就会减少。

■ “成功日志”的例子

日期	做到的事情・进展顺利的事情
10/13	带身体不舒服的朋友去了医务室。
10/13	把黑板擦得很干净。
10/13	比平时更早地完成了作业。
10/14	整齐地叠好了体操服。
10/14	捡起走廊上的垃圾扔掉了。
10/15	借给同桌橡皮。
10/16	清理了兔笼。
10/16	帮了妈妈的忙。
10/17	练习钢琴坚持到了最后。

■ “快乐日志”的例子

日期	开心・快乐的事情	刻度
2/17	下雪了，堆了雪人。	8
2/17	得到了新手套。	7
2/18	菜单中有我很喜欢的咖喱。	6
2/18	考试得了 100 分。	8
2/19	妈妈说下次带我去看电影。	5
2/19	晚霞非常漂亮。	3
2/20	朋友让我抱了他家的小狗。	4
2/20	在朋友家吃的点心很美味。	3
2/20	奶奶给我打了电话。	2

烦恼案例17：

对姐弟间争夺电视频道而焦虑！

我的孩子们（一个上小学四年级，女孩；一个上小学三年级，男孩）想看的电视节目各不相同。或是因为谁提前预约好，或是因为谁提前宣布“我一定要看这个节目”，又或是因为谁擅自切换频道等问题，孩子们每天都会把频道换来换去，为看电视而争吵。我该如何应对呢？

试一试！

① **找出各自的“应该”**

➡ P137：了解焦虑根源的“应该日志”。

② **用三重圆制定规则**

➡ P61：决定“是否生气”。

技巧① 找出各自的“应该”

面对每天都在发生的家人之间的焦虑，妈妈们可以通过制定规则来应对。

首先，妈妈们要把看电视时希望家人遵守的“应该”和家人各自的赞成顺序（按1~5排列）像下表这样写出来。妈妈们将家人的“应该”可视化，就能知道彼此“讨厌什么”。

另外，妈妈在横轴上将重要程度求和，就能知道家庭成员赞成度较高的“应该”，规则的制订也会因此变得容易。在看电视的时候，因为“想看的节目时间冲突的话，先预约的人应该优先看”的赞成顺序很高，所以全家人一起遵守这个规则吧。

希望大家遵守的“应该”	爸爸	妈妈	姐姐	弟弟	妹妹	合计
看电视应该保持安静，不要喧哗。	2	1	4	3	3	13
别人在看电视时，不应该随意切换频道。	4	2	2	5	5	18
想看的节目时间冲突的话，先预约的人应该优先看。	1	3	3	2	2	11
想看的节目时间冲突的话，猜拳输的一方应该把自己想看的节目录像。	3	4	1	1	4	13
想看的节目时间冲突的话，应该每隔 10 分钟换一次频道。	5	5	5	4	1	20

技巧② 用三重圆制订规则

在确定了家庭成员各自的“应该”和赞成顺序后，妈妈们就可以用三重圆来制订“看电视时的规则”了。请妈妈们从技巧①中家庭成员赞成顺序高（总分低）的开始考虑吧。

1. 理想情况	· 先预约的人优先看电视。 · 没有预约时，想看的节目时间冲突的话，猜拳输的一方把自己想看的节目录像，改在其他时间看。
2. 勉强能原谅	· 相互理解的话，每隔 10 分钟换一次频道也是可以的。
3. 不可原谅	· 在别人看电视时随意切换频道。 · 因为不能看想看的节目而对某人或某物乱发脾气。

制订好规则后，为了让家人都遵守，可以将规则贴在靠近电视机的地方。

烦恼案例18：

对动不动就说“真生气”“烦死了”的孩子感到焦虑！

我家孩子（上小学六年级，女孩）说话很难听，让我很困扰。前几天，因为孩子一直在看电视，我就提醒了一句：“你作业写完了吗？”话音刚落，她就反驳道：“不要每次都说这些。真生气！烦死了！”我也回击说：“对父母说话不应该这个态度吧！”这有什么好的解决方法吗？

试一试！

① 敏感地读取情绪，增加表达焦虑的词汇

➜ P98：愤怒的“刻度标记”。

② 转换成肯定的语言来表达对孩子的理解

➜ P73：掌握表达方式。

技巧① 敏感地读取情绪，增加表达焦虑的词汇

孩子感到焦虑也好，表达焦虑也好，都不是坏事。只是，孩子有时会用“真生气”“烦死了”等一句话来应对所有的焦虑情绪。单单一个“真生气”，表达太过草率，孩子无法将自己的心情精准地传达给对方，反而只会让自己越来越焦虑。

若是给愤怒设定刻度值，我们就能知道焦虑是一种范围很广的情绪，也能敏锐地感受到自己焦虑的程度。妈妈们如果试着问孩子：“生气的话，愤怒的程度是3度左右吗？”孩子就会反思自己的焦虑状态。请妈妈们在察觉到孩子的焦虑状态时，试着用“不开心吗”等“真生气”以外的语言来引导他表达出来。

技巧② 转换成肯定的语言来表达对孩子的理解

孩子进入高年级后，对父母的言行一一用语言和态度进行反抗的情况逐渐增多。妈妈如果不问缘由地对孩子发怒，不但解决不了问题，反而会让孩子产生逆反心理。

“不要每次都这么说。真生气！烦死了！”当孩子说出妈妈不希望听到的否定话语时，妈妈就将其转换成肯定的话语，如“你是希望我不再说了，对吧”，可以像这样先接纳孩子的心情。

正所谓“人际关系是一面镜子”，如果你对别人说了否定的话，别人也会同样用否定的语言和态度来应对你。所以，请妈妈们先用肯定的方式表达对孩子心情的理解，然后再传达自己的要求：“在吃晚饭之前，要把作业做完哦。”“我不希望你说‘生气’这样的话啊。”

■ 对孩子叛逆期的焦虑话语，应该怎样接纳？

叛逆期的焦虑话语	接纳焦虑的话语
生气。	不开心啊？愤怒的刻度是几度呢？
气死了。	讨厌得快要爆炸了吧？
烦死了。	是希望我让你一个人静一静，对吧？
吵死了。	是希望我安静一些，对吧？是希望我不作声，对吧？
别靠近我 / 不要过来。	你是想一个人待着，对吧？
别管我。	现在不想说话，对吧？是希望我不要管，对吧？
麻烦死了。	现在是不想做，对吧？
没什么好说的。	没有什么特别的改变。
一般般。	是和平时一样，对吧？

✕ 火上浇油、责备孩子的话语：
“你对父母说什么？什么语气！”
“我没你这样的孩子！出去！”
“我不记得养了你这么个孩子！”

○ 在接纳的基础上传达妈妈的想法：
“我不希望你说那种话啊。”
“那种话很伤人啊。”
“我是在担心你啊。”

烦恼案例19：

孩子的焦虑："点心被吃掉了！"

我收到的礼物蛋糕还剩下一个，所以把它放进了冰箱。第二天，从学校回来的弟弟（上小学一年级）吃了那个蛋糕，之后回家的姐姐（上小学三年级）见蛋糕没有了，顿时暴跳如雷，对弟弟说："我也想吃啊！你太狡猾了！还给我！给我买一个一样的蛋糕！"说完之后，一会儿打弟弟，一会儿朝弟弟扔玩具……我惊呆了，心想："不过是一个蛋糕，至于发这么大的火吗？"

试一试！

① 向孩子传达生气时的原则

➜ P52：生气时要遵守的3个原则。

② 把无处发泄的焦虑通过画画表现出来

➜ P102：把焦虑画下来。

③ **想办法让孩子知道东西是属于谁的**

➡ P143：改变状况的“变化日志”。

技巧① 向孩子传达生气时的原则

我们常说“食物引起的怨恨是可怕的”，如果自己的东西被人吃了，即使是成年人也会生气吧，特别是自己喜欢的食物。所以我们一旦感觉“食物被别人抢走了”，产生焦虑也是很自然的事情。而且如果我们知道再准备一份同样的食物不是那么容易，那么我们的愤怒就会膨胀得更加剧烈。

话虽如此，但姐姐打弟弟、拿东西撒气等行为是不可取的。妈妈要以坚决的态度告诉孩子这件事。也请妈妈们告诉孩子“不要伤害他人、自己、物品”等即使生气也要遵守的原则。

技巧② 把无处发泄的焦虑通过画画表现出来

请妈妈们让孩子把无处发泄的焦虑画在纸上吧。有的孩子会在纸上乱画（Mess Painting），以发泄焦虑，在动手画画的过程中，孩子就能转换心情。

另外，妈妈如果一边看着画，一边倾听并接受孩子，对孩子说“原来你是这样的心情啊”，孩子就能客观地看待自己的焦虑，从而恢复平静。

技巧③ 想办法让孩子知道东西是属于谁的

这个案例中孩子焦虑的原因之一是，妈妈没有明确“剩的蛋糕是谁的”。为了改变这个情况，请妈妈想办法让孩子知道东西是属于谁的，并考虑一下公平的规则。

例如，妈妈可以在属于家人各自的东西上贴上写有各自名字的便签，或者在冰箱里放上家庭成员各自的专属盒子，或者在收拾剩余蛋糕的时候提前决定好由谁来吃。做好这些工作，就可以防止“蛋糕被吃掉”后出现争吵的麻烦。

另外，在决定东西属于谁的时候，妈妈提前制订好“全员同意”“均等分配”等原则也是方法之一。

烦恼案例20：

孩子受到排挤的焦虑

我的孩子（上小学四年级，男孩）因为被学校的朋友排挤而焦虑。我听说孩子因被起了奇怪的外号而遭到取笑，还被模仿，有时被别人藏起铅笔盒和教科书。据说孩子也有和他们玩得好的时候，但我还是会担心“该不会是被欺凌了吧”，我该怎么做才好呢？

试一试！

① 孩子被排挤时让他写“愤怒日志”

➡ P134：记录焦虑的“愤怒日志”。

② 思考可以采取什么样的行动

➡ P143：改变状况的“变化日志”。

技巧① 孩子被排挤时让他写“愤怒日志”

孩子之间的互动是玩耍、戏弄，还是欺负，有时很难分辨。对于被朋友排挤而产生焦虑的孩子，请妈妈们建议他写“愤怒日志”。孩子通过用语言将“何时”“何地”“发生了什么事”表达出来，可以整理自己的心情和想法，有平复心情的效果。

另外，“愤怒日志”还可以成为亲子间讨论“该如何看待和应对被排挤”的工具。有时间时，妈妈要慢慢回顾孩子的日志。孩子在什么时候、什么地方受到的排挤会多一些，什么样的排挤会让孩子感到不快，什么时候孩子不会被排挤。不仅是自己，如果也能把握对方的焦虑模式，那么亲子间就能思考出防止被排挤的对策。

妈妈在和老师谈话时，如果给老师看孩子写的“愤怒日志”，也能说得清楚明白。

■ 愤怒日志

可能在周五受到排挤的情况会比较多。

日期	场所	事情	刻度
5/27（周三）	学校的鞋柜	放学时间，被A说“拜拜细菌人，要除菌哦”。	6
5/28（周四）	教室	扫地时间，同学想用扫帚扫我的脚。	3
5/29（周五）	教室	早上，同学一边对我说“早上好”，一边压住我的背。	3
5/29（周五）	教室	午休后的算术时间，我的课本不见了，A装糊涂说：“跑到我的抽屉里了啊。”他绝对是故意的！	8
5/29（周五）	回家路上	放学时间，被嘲笑“拜拜细菌人，消失吧”。	7
6/1（周一）	体育馆	体育课时，我投篮进球后，被同学说“真是稀奇啊”。	2
6/2（周二）	走廊	休息时间，同学突然跑过来撞我。	2
6/2（周二）	教室	A对我说“来找宝藏吧”，并把我的文具盒藏了起来。	8
6/3（周三）	操场	下课后踢足球，B作弊了。	5

讨厌的事情可能都发生在老师不在的时间。

把我的东西藏起来可能是非常讨厌的行为。

技巧② 思考可以采取什么样的行动

想要改变孩子被排挤的状况，可以采取什么样的行动呢？请妈妈们和孩子一起思考吧。

即使无法改变孩子被排挤的事实，也可以让孩子选择今后的行动。妈妈可以引导孩子想一想自己可以尝试的行动，从负担少、易挑战的行动开始，比如，告诉对方“不要这样做”，和老师或朋友商量、不要理他、和其他朋友玩等。

如果妈妈和孩子不采取行动，对方的言行可能会变本加厉。即使是恶作剧，只要对方不喜欢，就是欺负。孩子要表达“讨厌”“不要”的意思，有时也可以选择“逃跑”，这也是保护自己的重要方式。

烦恼案例21：

忍耐妹妹言行的哥哥感到焦虑

我的两个孩子性格完全不同：一个是即使焦虑也要忍耐的哥哥（上小学一年级），另一个是动不动就对哥哥或物品发脾气的妹妹（上幼儿园中班）。当妹妹发脾气时，哥哥一直在忍耐，却仍然被迁怒了，妹妹的发怒方式令哥哥感到焦虑。要是能把两个人的性格中和一下就好了……我一边这么想，一边特别担心忍耐着焦虑的哥哥。

试一试！

① **试着用黏土来表现彼此的焦虑**

➡ P129：制作“焦虑怪兽”，真实感受愤怒。

② **放松身体，放下焦虑**

➡ P172：舒缓心情的伸展运动。

③ 一起来思考表达手段吧

➡ P73：掌握表达方式。

技巧① 试着用黏土来表现彼此的焦虑

即使是有着同样的父母、在同样的环境下长大的兄弟姐妹，性格和气质也可能是不同的。他们对事物的看法、感受和表达方式也不一样。就像希望忍耐的哥哥能够坦率地表现出自己的焦虑一样，妈妈也希望对人或物发火的妹妹能够在不迁怒于人的基础上表达自己的焦虑。

请妈妈们让不同性格类型的两个孩子用黏土来立体地表现自己的焦虑吧。特别是对于那些无法很好地表达情绪的孩子来说，比起用语言表达，这样的方式可以减轻他们的负担。孩子把注意力集中在揉捏黏土等眼前的事情上，心情会变得平静。比如，阴沉沉的愤怒，热烈、激烈的愤怒等，孩子能够通过这种方法客观地看待自己的心情，也能切实感受到彼此有着不同的焦虑。

技巧② 放松身体，放下焦虑

兄妹俩表现焦虑的方式虽然不同，但都处于攻击性的能量在体内盘旋的状态。这时候，请妈妈们让孩子通过伸展运动放松身体、放松心情吧。伸个大大的懒腰，或扭扭肩膀，或扭扭脖子，请妈妈们也试着和孩子一起做一些简单的伸展运动。播放音乐或视频，也可以让心情得到转换。

技巧③ 一起来思考表达手段吧

由于兄弟间关系的不同，有时一方即使遭到了无理的对待也会选择忍耐。父母也会认为这是理所当然的，或者为了稳妥方便地解决问题，从而选择忽视这种状况。

偶尔，还是请父母问问孩子“是不是真的很受伤”“如果你不喜欢，可以说‘不行’噢”，并听听孩子的话。父母们可以和孩子一起思考别的表达方式，比如由父母出面帮孩子说一说，或者把心情写在信上等。

烦恼案例22：

努力了也没有结果的孩子的焦虑

我儿子（上小学五年级）设立了“我要成为运动会接力赛的选手”的目标，并为之努力练习着。儿子每天在家周围跑步，休息日也和爸爸在公园练习跑步，但是努力都成了泡影，愿望没能实现。儿子大概是非常不甘心吧，他哭着生气地说：“我再也不想参加运动会了！”面对这样的情况，我应该如何应对呢？

试一试！

① 告诉孩子不甘可以转化为力量

➜ 第2章 “焦虑”告诉我们的8个信号。

② 让孩子思考“我想变成什么样”，描绘理想的未来

➜ P111：描绘理想的一天之“神奇日练习”。

③ 一步一步实现目标

➜ P143：改变状况的“变化日志”。

技巧① 告诉孩子不甘可以转化为力量

“想成为接力赛选手”的想法落空了，强烈到了让孩子哭着生气的程度，这种不甘的焦虑刚好可以转化为“激励自己的力量”。孩子的理想和欲求是什么？请妈妈们试着引导孩子，焦虑是让自己得以成长的信号。

技巧② 让孩子思考“我想变成什么样”，描绘理想的未来

请妈妈们在倾听并接受孩子不甘心的想法的基础上，让孩子具体想象希望实现的未来，比如“明年怎么样才最好”。

在哭泣和不甘心的心情背后，隐藏着孩子“想成为的样子”。“我被选为接力赛选手，并担任最后一棒。当我超越了前面的选手，以第一名的成绩冲过终点线的时候，我高兴地跳着。而且我收获了如雷的掌声，心情也变得痛快了。”孩子如果能够想象一下这种情景，那么心情就会变得积极，也能踏出全新的一步。

技巧③ 一步一步实现目标

孩子描绘出理想的未来后，就要考虑实现理想的具体行动了。为了孩子能接近理想的自己，请妈妈们让孩子把想要发生的变化和想要为此采取的行动，分解成一个一个小目标写在纸上吧。

掌握跑得更快的诀窍 ➡
- 去图书馆借一本介绍跑步方法的书。
- 看赛跑的视频。
- 观察跑得快的人的姿势。
- 参加体育培训班。

保持干劲 ➡
- 每次计算时间。
- 和跑得快的朋友赛跑。
- 买一双便于跑步的鞋。

塑身 ➡
- 看电视时做深蹲。
- 洗完澡后做伸展运动。

让孩子从能做到的事情开始着手，一步一步靠近想要成为的自己吧。